The 100 Essentials of Nature Lessons for parents in Taiwan

大樹自然放大鏡系列之14

自然老師沒教的事2

100堂親子自然課

（原書名：爸媽必修的100堂自然課）

張蕙芬◎撰文　黃一峰◎攝影．繪圖

The 100 Essential Nature Lessons for
Kids & Parents in Taiwan

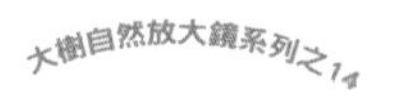

自然老師沒教的事2
100堂親子自然課

The 100 Essential Nature Lessons for Kids & Parents in Taiwan

Chapter 4

冬天的課堂：大自然教我們的事

Chapter 5

親子共享的自然課

Chapter 6

上菜市場學自然

Chapter 7

日常生活裡可以做的改變

【作者序】

生命價值的選擇。

2009年6月出版了『自然老師沒教的事1——100堂都會自然課』，引起了廣大的迴響，不論大人或小孩，都可以在生活周遭體驗小小的自然樂趣，從而發覺「自然就在我身邊」真是一點也不假。

都會環境的自然觀察是認識自然的第一步，讓人們對自然不再視而不見，熟悉之後其實還有更深層的知識與責任，特別是為人父母，我們究竟可以留給下一代什麼？如何教導孩子成為一個「完整的人」？生命教育並不是學校課業可以完全取代的，反而生活裡的點點滴滴影響更大。

有鑑於此，我們再接再勵出版了『自然老師沒教的事2——100堂親子自然課』，其中提供了台灣四季的自然景致，以及大自然教我們的事，還有生活裡可以有的選擇，這100堂親子自然課並不是說教，而是期待每一個人在生活上做一些改變，讓我們的自然環境還有機會持續永續發展。

進入21世紀之後，其實環境問題已經成為人人都要面對的嚴苛現實，每年自然災害不斷，地球暖化的惡果已然成為生活的一部份，我們不可能再視而不見，也不可能置身事外，其實每天的食衣住行都是選擇，究竟要選擇做為有責任感的地球公民？還是持續毫無節制地消費、浪費資源？

許多人都不喜歡談論環境保護，覺得既悲觀又沉重，也會讓人有很深的無力感，但既是「人身難得」，而且我們每個人都「無所逃於天地之間」，何不在還有選擇權的時候做一些改變？每一個人的一小步都將成為整個世界的一大步。

當然，最重要的開始還是要「有心」，開始關心，開始思索，開始吸收相關知識，開始實踐，然後才會開始改變。期待生活在台灣的人，愛護環境、愛護自然不再只是掛在嘴邊的口號，而是可以從生活實踐來改變現狀，不再只是追求經濟成長的數字，而是讓低耗能的生活方式成為可能。

這100堂親子自然課將提供許多層面的資訊，讓大家可以知道隱而不見的事實，以及生活上可以改變的選擇。1992年巴西里約熱內盧地球高峰會上來自加拿大的12歲女孩說了一段發人深省的話：「我在這裡要替未來的世代說話；我在這裡要代表在世界各地挨餓、沒有人聽到他們哀號的兒童說話；我在這裡要替地球上因為無處可去而面臨死亡的無數動物說話。……你們不知道怎麼讓鮭魚重新回到乾涸的小溪；不知道怎麼讓絕種的動物死而復生，也不知道怎麼讓現在變成沙漠的森林重新生長。如果你們不知道怎麼修復，就請別再破壞。」

快20年過去了，我們做到了哪些？

光是停止破壞還是不夠的，其實答案早就存在於生生不息的大自然裡，以大自然為師，向大自然學習，才有機會找到正確的方向。

張蕙芬

【前言】

自然生活的實踐。

對於生活在一個「又熱又平又擠」世界的人而言，未來的願景該是如何？人類的問題尚且無解，又如何能夠關照自然環境？在我們的心裡，為了不要被無力感或愧疚感淹沒，於是將生活與環境問題做了切割，只要「不知道」就不會不安，反正也改變不了什麼。但也有人反其道而行，選擇了人煙稀少的路徑踽踽獨行，努力向大地學習，尋求自給自足的簡樸生活方式。

其實每個人每天的食衣住行，無一不與環境有關。我們喝的水，呼吸的空氣，白天的太陽，吹拂的微風，吃的食物，穿的衣服，住的房子，每一樣都是環境的產物，我們怎麼可能與環境切割。真實面對問題，尋求可能的答案，渺小的個人或許很難改變什麼，但有心就會願意去做，從生活中實踐，一點一滴累積，終究也能滴水穿石。

大自然是我們最好的導師，學習自然知識，瞭解自然生態系統的運作，向大樹學習，或許才能找出自然生活的實踐之道。日本木村阿公的奇蹟蘋果，是花了30年的歲月才摸索出來的，感人的是永不放棄的精神，以及恢復生機的土壤和蘋果樹。整個過程一點都不容易，可能也不會有第二個木村阿公的出現。

但我們還是有選擇的，至少關心自然，享受自然的恩賜，帶領孩子理解自然的語言，這些都是生活上做得到的事。而食衣住行也一樣，例如多搭乘公共運輸工具，少開車，購買在地的食材，支持從事有機農作的農民，自己攜帶水壺、餐具，垃圾減量，多綠化，多種樹，改善生活環境，善待周遭的生命。只要有心，就會不厭其煩地在生活中實踐。

大自然的四季變化和豐沛的生命，無一不是我們心靈最大慰藉，春天草地冒出的紫色通泉草，透露了大地回暖的訊息；街道騎樓裡家燕忙進忙出，忙著築巢和哺餵雛鳥；五色鳥一聲聲敲木魚的嘹亮鳴聲揭開夏天的序幕；震耳欲聾的蟬鳴是炎夏的背景音樂；秋風起，一波波候鳥飛臨台灣，世界級的鷹群遷徙景觀和黑面琵鷺大駕光臨，讓台灣的秋天精彩極了；冬天是自然沉睡的季節，也是撿拾落葉、松果的好時機，更是欣賞樹木千姿百態的季節。

聽得到大自然的心跳，生活怎麼可能會枯燥，而與各式各樣的生命不期而遇，更是生活裡的大驚喜。這些微小的一點一滴都會帶給我們確切的幸福感受，也因此自然而然更加關愛我們的生活環境，一步一步實踐自然生活的選擇。

爸媽必修
自然課程
Chapter 001

沉寂許久的大自然，
草地抹上一片淺紫，通泉草捎來春的訊息，
樹梢枝頭爆出滿樹的粉紅、桃紅，
山櫻花是眾所矚目的焦點。
緊接著相思樹的黃色花海、油桐的白花盛宴，
將台灣春天的山野妝點得讓人目不暇給。

春天的課堂～
生命的盛宴。

The 100 Essentials of Nature Lessons
for Parents in Taiwan

楓香在春日淡紅的色調，
是春天最美的色調。

Lesson

01

The 100 Essentials
of Nature Lessons for
Parents in Taiwan

春天課堂：生命盛宴。

樹木的甦醒

春天是賞樹的季節，不論是常綠樹木或是落葉樹種，都有可觀之處。像樟科的紅楠就是春天的主角之一，原本佇立枝頭的沉默冬芽，隨著氣溫的回升，開始有了變化，不僅顏色逐漸變紅，芽體本身也膨脹不少，一支支葉芽就像是粉嫩的小豬腳，也因此紅楠常被稱為「豬腳楠」。等到某一溫暖的春日早晨，萬事俱備的葉芽打開了，露出裡面鮮嫩的紅色幼葉，外圍的紅色苞片完成保護幼葉的任務，一一隨風飄落，成為春天山野極美的景致之一。

即使是滿樹蒼綠的樟樹，到了春天也有另一種風貌。原本一致的綠變成不同的層次，多了許多新長出的幼葉，嫩綠、淺綠、蒼綠到黃綠，在陽光的襯托下更為引人，那樣的綠是我們調不出來的，但在樟樹身上卻是如此美麗而協調。

落葉樹木的甦醒遠比常綠樹木來得明顯，像是大家熟悉的楓香，平展光禿的枝條抹上淡紅的色調，很快轉變成嫩綠，接著完全開展的新綠是春天最美的色調，代表著生命的重生與力量，尤其楓香的樹形高大醒目，這種感染力量更是強而有力，很難不引起共鳴。

另一種含蓄得多的非洲欖仁樹，雖然不像楓香那般轟轟烈烈，但它的甦醒有著另一種層次的美，像是一種沉默的力量，需要細細品味。其實非洲欖仁的姿態極美，冬天光禿的枝條讓人一覽無遺，突然之間長出一點一點的新綠，好似害羞又帶點不確定，默默地在枝梢上點燃綠色火燄，看到的人無不感染到新生命的喜悅，又是新的一年了。

不過春天樹木的主角自然非山櫻花莫屬，它的甦醒帶來強烈的戲劇效果，花苞開始有了變化，原本小而乾扁的芽苞，隨著溫度的變化而膨大，最後芽苞成為點點粉紅，有一天突然集體綻放，滿樹的粉紅或桃紅，不看到它們也難。山櫻花的甦醒將台灣的春天帶向高潮，接下來忙著覓食的山鳥或昆蟲也要進入繁衍的高峰，春天的生命盛宴由此揭開了序幕。

紅楠的一支支葉芽，就像是高掛枝頭的粉嫩小豬腳。

春天非洲欖仁樹的黃綠嫩芽有著另一種層次的美。

Lesson
02
The 100 Essentials
of Nature Lessons for
Parents in Taiwan
春天課堂：生命盛宴。
大家來
種樹

最近幾年「種樹」成為極熱門話題之一，特別是氣候暖化課題是大家都關心的，只要能夠減少二氧化碳，不論政府或民間團體無不戮力以赴，盡力宣導。根據林務局的研究資料，地球上每多一棵樹，一年可以減少12公斤的二氧化碳，如果全台灣2300萬的人口，每人都種一棵樹，預計一年可減少2.7億公斤的二氧化碳。

樹木的綠葉行光合作用，將空氣中的二氧化碳與樹木吸收的水分，經由陽光的作用，合成碳水化合物並釋出氧氣。只要是唸過生物的人，對光合作用一定不陌生。但真正要把種樹與減碳劃上等號，其實沒有這麼簡單的計算公式，反而比較像是安慰劑，讓大家不要人心惶惶。

不過種樹還是應該要大力提倡的，特別是台灣的都市居住環境，綠地普遍不足，樹木對於都市生活品質的改善是有目共睹的，包括改善空氣品質、夏天有利於降溫，當然還有美感上的陶冶，樹木一年四季的變化，不同風貌的展現讓都市人也能嗅得一絲自然的氣息。

春天是適合種樹的季節，台灣也明訂3月12日為植樹節。如果家裡有一小塊庭院，不妨規劃一下，挑選自己喜愛的樹種。十餘年前有了一小塊地，於是開始種樹，原本荒草蔓生的小花園慢慢有了自己的風貌，因為特別偏愛會開花的樹，所以選擇了山櫻花、流蘇樹、柚子、十大功勞等春天開花的樹種，每年最期待的就是春天繁花盛開的景象，有粉紅、白色、黃色等繽紛色調，還有熱鬧非凡的野鳥和昆蟲都一一來造訪。

隨著歲月的增長，這些樹木日益茁壯，不僅樹圍變粗了，也從原本的小樹長成兩層樓高，現在成為我家貓咪最喜愛眺望的標的物，因為樹上常有不速之客造訪，而貓咪只要趴在窗前就可以看得一清二楚。因為有這些樹木，花園的生命變得豐富極了，也帶給我許多生活樂趣。

見到山櫻花開花，代表熱鬧的春天又即將展開。

流蘇的白色花朵，像下雪一般佈滿了整棵樹。

Lesson
03
The 100 Essentials
of Nature Lessons for
Parents in Taiwan

春天課堂：生命盛宴。

家庭

菜園

自家菜園採收的蔬果，
不但健康可口，而且充滿了成就感。

自家的陽台種植蔬果，只要細心照料，也能結實纍纍。

只要有一個小空間，就能變身都市裡的快樂農場。

家庭菜園的樂趣是讓我們這些不事生產的都市人，可以有機會親近原本只出現在菜市場、餐桌上的植物，從小苗開始照顧，蔬菜一般生長快速，很快就能收成，成就感十足，吃在嘴裡的滋味也大不相同，尤其是現採現吃，風味完全不會流失。

有的人是到市民農園租一塊地，閒暇時以種菜自娛兼運動。若嫌舟車勞頓，其實自家的陽台或屋頂也一樣可以變成家庭菜園。剛開始比較辛苦，畢竟要先準備栽植箱以及適合的培養土和肥料等，這些裝置一一備妥後就可以開始種菜了。

花市或菜市場都有菜苗出售，建議選擇生長快速、少蟲害的瓜果類，如番茄、絲瓜等，不僅果實可食，連花朵都可賞，如果空間較大，也可考慮種木瓜，木瓜的葉片漂亮，很快就可結果，涼拌青木瓜清爽可口，吃不完的果實也可留給野鳥吃。此外許多香藥草也很適合在家種植，像是九層塔、薄荷、芫荽、迷迭香等，一小盆就可吃上一季，不論是泡茶或做菜，現採的香氣是什麼都比不上的享受。

若有庭院的空地，只要先整地一下，就可以開始種菜了。有一年爸媽突發奇想，整理了花園旁的一小塊地，開始種起南瓜和瓢瓜，瓜藤成長快速，結實累累，果實多到吃不完，還要開車載著個頭不小的瓜果，一一分送給鄰居。我的花園裡也曾種了一株木瓜樹，連續幾年都豐收，只是天天涼拌青木瓜也吃膩了，後來就不採收，留給大自然裡的生物。

Lesson
04
The 100 Essentials of Nature Lessons for Parents in Taiwan

春天課堂：生命盛宴。

種花蒔草之樂

印象中家裡一直少不了植物，小時候家裡還有菜園，爸爸雖是公務員，但下班或假日都得忙著照顧菜園。後來搬遷至新店的公家宿舍，小小的公寓陽台還是擺滿了植物，綠意盎然的陽台是那段歲月的美好記憶。時至今日，爸媽和我都有了期待已久的庭園，也種了許多自己喜愛的樹木、蘭花、植物等，照顧它們成為生活中不可或缺的樂趣。

大學唸的是園藝系，不過當時台灣的生活水平還未能將種花蒔草當成生活休閒娛樂，重點還是在於食用的蔬菜、水果。畢業後幾年因緣際會下，創辦了一份「綠園藝生活雜誌」，而台灣的生活也悄悄改變了，都會區喜愛園藝的人日益增多，從周末假日花市裡洶湧的人潮可見一斑。

對於生活在都會叢林的人而言，植物就像是一扇通往大自然的窗口，植物的綠讓人精神放鬆，而美麗的花朵和累累果實更是美感的泉源。照顧植物自然會放慢自己的腳步，細心摘除枯葉，澆水和除草，享受的是與植物相處的片刻，「慢活」對喜愛種花蒔草的人其實一點都不難，是再自然不過的事。

閒暇逛街時，最喜歡看到綠意盎然的公寓陽台，不同的季節有不同的花朵跟路過的人打招呼，那種意外的驚喜會讓人高興一整天。

水生植物容易種植，近年來也大受歡迎。

蘭花人人都愛，只是照料時要加倍細心。

多肉植物對水分需求不高，十分適合都會種植。

Lesson

05

The 100 Essentials
of Nature Lessons for
Parents in Taiwan

春天課堂：生命盛宴。

狗狗貓貓一家親

和貓咪感情融洽的小朋友，是旅行到四川丹巴難忘記憶。

對於生活在都會環境的大多數人而言，最常接觸的動物應當就屬貓咪與狗狗，牠們已是人類生活中不可或缺的一部份，也帶給人們許多生活樂趣。

從小家裡一直都有貓咪和狗狗，當時並不是把牠們當寵物養，而是有實用目的，例如貓咪專門負責對付老鼠，而狗狗則要看門。但對於牠們的喜愛早已深植我心，以致現今的生活完全不能沒有牠們。

從小到大與貓狗相處的經驗，讓我深深覺得讓孩子從小照顧貓狗，是最好的生命教育，懂得善待其它的小生命，才會真心關懷大自然。而且貓狗對人類無條件的付出與愛情，是很珍貴的生命體驗，也可以讓感性的部份完整發展。

許多父母都認為生活空間太小，或者生活忙碌、無暇照顧，或是以容易過敏為由，因此完全不考慮讓貓狗成為孩子的動物夥伴。甚而有的還複製自己恐懼動物的經驗，讓孩子完全不敢接觸貓狗，在街上碰到也是驚恐得哇哇大叫。

西方國家的家庭多把貓狗當成家人，進步的法治甚而完整納入動物福利的保護，有專屬的動物警察執法，以遏止對動物的不當行為或飼養疏失。雖然台灣也有動物保護法，但未獲應有的重視，虐待貓狗的悲劇還是時有所聞。多麼希望我們居住的城市會成為對貓狗友善的城市，有足夠的休憩空間讓狗狗散步、運動，每一角落都像貓城猴硐一樣，讓貓咪悠遊無慮。

花蓮柚子家民宿的菱角妹妹從小和狗狗玩在一起。

甲蟲是許多大人和
小孩鍾愛的寵物。

Lesson

06

The 100 Essentials
of Nature Lessons for
Parents in Taiwan

春天課堂：生命盛宴。

家庭動物

家庭動物除了貓狗之外，其實還有許許多多的小動物，一樣可以帶給我們莫大的樂趣，而且照料起來一點都不麻煩，家有小朋友的爸媽，或許可以考慮現有空間的大小，選擇適合的小動物，讓孩子有機會接觸生命，並且親自照顧牠們。

小魚缸的魚應該是首選之一，特別是台灣鬥魚，照料容易，生命力堅強，每天只要餵食少許飼料即可，水缸的清洗和維護也很容易。其它如孔雀魚或紅球等小魚也都是很容易照顧的種類。

小烏龜也是很多小朋友的最愛，但很多烏龜的體型都不小，雖然剛買回來只有一丁點大，幾年後可能就無法養在缸裡。如果不是有把握照顧牠們一輩子，最好不要選擇壽命很長的烏龜。台灣野外或是公園裡的水池幾乎都有棄養的巴西烏龜，已經成為嚴重的生態問題。

生命短暫的甲蟲是夏天的首選動物，一個飼養箱就足以提供其所需。外形奇特可愛的獨角仙或鍬形蟲是許多小朋友的最愛，即使生命結束之後，也可留下來成為收藏的昆蟲標本。

角蛙、變色龍這類兩棲爬蟲類寵物也在近幾年大行其道，特殊的造型樣貌，讓大人小孩都為之瘋狂。但這一類生物大多都來自熱帶，飼養困難度高，照料需要有加倍的耐心，不太適合沒有養過這類生物經驗的人買來當寵物，購買時必須三思。

此外小老鼠、小白兔或是鸚鵡、小鳥也都有各自的擁護者。不論選擇的是哪一種小動物，最重要的原則還是不能傷害大自然，不要選擇野生動物，而要以人工繁殖的種類為主。而且一定要從一而終，絕對不能中途棄養，並且教導孩子善待小動物，把每一生命當成自己的家人來照顧。

鍬形蟲強壯的大顎讓許多男孩為之著迷。
（圖為深山扁鍬形蟲）

小老鼠可愛的模樣，是許多女孩的寵物首選。

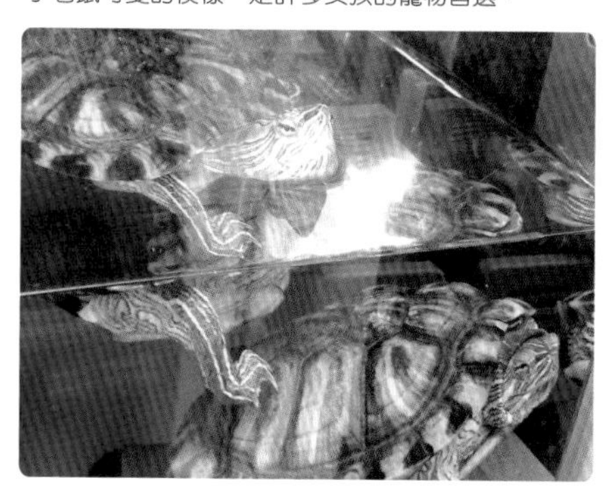

巴西烏龜雖然模樣可愛，但飼養長壽的牠必須三思。

挑戰一下「霸王草爭霸戰」看看哪一個人的草會先斷掉？

Lesson

07

The 100 Essentials of Nature Lessons for Parents in Taiwan

春天課堂：生命盛宴。

野草博覽會

春天的草地真精彩，是大自然舉辦的野草博覽會，無需門票，也不用花大錢栽種，時間一到，不同的野草種類一一粉墨登場，將草地妝點得色彩繽紛無比。想要欣賞台灣春天的野草博覽會，每個人需要的是一顆細膩的心、一雙細心的眼睛，以及願意隨時彎曲的腰，相信就可以好好欣賞小野草之美。

首先登場的是紫色小花的通泉草，原本一片寂靜的綠色草地，隨著溫度的回升，小小的唇形花瓣突然整齊地冒出來，陽光照耀下，宛如草地上的點點星光。

接下來是溫暖的黃色小花，如黃鵪菜、兔兒菜、鼠麴草等菊科小野花，是黃色的主角野草，還有可愛迷你的黃花酢醬草也參雜其間，一起組成了春天黃色的調色盤。

其中鼠麴草到了清明時節，搖身一變，鮮嫩的莖葉成了草仔粿不可或缺的材料之一，大快朵頤之餘，清香的草味也成為春天的記憶之一。

有一天春天草地突然冒出點點紅火的小果實，宛如草莓的超迷你版，不睜大眼睛還看不到。原來是可愛的蛇莓，旁邊還看得到小小的白色花朵。

溫度再持續回升，就輪到紫花酢醬草上場了，大而肥美的葉片是小朋友最愛的霸王草，不妨挑戰一下「霸王草爭霸戰」，打勾勾，看看哪一個霸王草會先斷掉？接著整片的咸豐草和紫花霍香薊是下一階段的主角野草，看到它們成片繁生，通常意味著春天即將結束，炎熱夏天的腳步近了。

紫花酢醬草的花在草地間綻放，讓人不由得多看它兩眼。

鼠麴草晶亮的黃色小花讓它在草地間十分顯眼。

兔兒菜的黃花如風車一樣在草地間展開。

都市三俠之一的白頭翁
在都市裡也十分容易觀
察到牠的巢。

Lesson

08

The 100 Essentials
of Nature Lessons for
Parents in Taiwan

春天課堂：生命盛宴。

野鳥的家園

隨著春天氣溫的回升，野鳥也開始蠢蠢欲動，先是尋求配偶，然後將鳥巢準備妥當，就可以開始為下一代忙碌了。這個季節也是昆蟲大量孵化的時候，為野鳥提供了多樣的蛋白質來源。

其中都市人最容易看到的當屬騎樓的家燕築巢，牠們的泥巢巧妙地固定在牆壁上，即使人來人往也絲毫不受影響。家燕的飛行技術高超，常見牠們穿梭車陣間，快速捕捉小昆蟲，一天之內不知往返多少趟，才能餵飽巢內嗷嗷待哺的雛鳥。家燕與我們生活在同一屋簷下，對都市環境也適應良好，是觀察鳥巢的首選推薦。

白頭翁和綠繡眼的巢也頗為常見；綠繡眼偏愛枝葉茂密的樹種，像提供花蜜和果實的山櫻花，樹上常常可以發現綠繡眼的杯狀巢。不過因為綠繡眼的體型小，鳥巢也極小，因此很容易忽略過去，常常到了秋冬季節，樹木脫掉茂密的樹葉之後，看到一個個小巧的巢掛在枝頭上，才恍然大悟，又有多少窩的新生命誕生了。

這幾年隨著台灣紫嘯鶇逐漸在我居住的社區落地生根之後，才第一次有機會聽到牠們美妙無比的求偶歌聲。平常藝高鳥膽大的台灣紫嘯鶇，呼嘯而過總是聽到尖銳無比的金屬聲音，有人還形容為緊急煞車聲，聲音真的跟美妙沾不上邊。但一到了春天的求偶季節，公鳥的歌聲宛如天籟，真的讓人有種「此生不悔」的驚喜感，而且特別的是牠們總愛挑天色昏暗的清晨四點多或是黃昏五六點唱歌，或許這種時段比較沒有干擾，可以好好來段詠嘆曲。自從聽了台灣紫嘯鶇纏綿悱惻的求偶歌曲之後，發覺一般的鳥鳴聲不再能夠滿足我，於是年年期盼春天早點光臨，好讓我一飽耳福。

家燕與我們生活在同一屋簷下，是容易觀察的鳥類。

台灣紫嘯鶇的情歌只有在清晨時分可以聽得到。

黑面琵鷺平時一身黑白裝扮，等到初春時分，牠換上金黃色繁殖羽，就是牠即將北返繁殖了。

Lesson 09

The 100 Essentials of Nature Lessons for Parents in Taiwan

春天課堂：生命盛宴。

黑面琵鷺返家八千里

2009年公共電視推出了黑面琵鷺的珍貴紀錄影片，透過影像紀錄，讓生活在台灣的人可以親眼見證這群嬌客返家八千里的艱辛與動人之處。

每年4月春天回暖之際，該是黑面琵鷺北返的時候了。整個冬季一身雪白的黑面琵鷺，準備繁殖的成鳥會開始出現鮮黃色的胸斑以及美麗的羽冠，因此這個季節到台南曾文溪口可以欣賞到最美麗的黑面琵鷺，同時也可歡送牠們北返，回到位於韓國、中國東部與東北部的繁殖地，期待牠們順利繁衍下一代，再於秋季的10月回來台灣度冬。

黑面琵鷺在全世界的數量剩下不到二千隻，被列為瀕臨絕種的鳥類，在台灣也將其列為第一級瀕臨絕種的保育動物，受到法律完善的保護。

由於黑面琵鷺備受矚目，加上台灣的度冬族群數量幾乎都多達千隻以上，是全世界最大的度冬群體，這個全球的關注焦點讓台灣的保育運動得以與世界接軌，同時也讓曾文溪口大面積的濕地，得以保存下來。

如今二十餘年下來，除了曾文溪口之外，其它如宜蘭溪口、塭底、竹安等濕地，以及西部、東部沿岸較大面積的濕地，都陸續出現黑面琵鷺的紀錄，顯見國際合作的保育工作有成。

看著黑面琵鷺成群漫步在河口輕鬆覓食，以長而扁的嘴喙在水裡掃食，那種景象讓人百看不厭。就讓我們繼續守護台灣珍貴的濕地，好迎接年年返家過冬的黑面琵鷺。

每年在曾文溪河口濕地都有上千隻黑面琵鷺在此度冬。

黑面琵鷺有著猶如飯匙的嘴喙，模樣十分特殊。

兩隻黑面琵鷺亞成鳥正在互相理羽。

Lesson

10

The 100 Essentials of Nature Lessons for Parents in Taiwan

春天課堂：生命盛宴。

迎接八色鳥

八色鳥在育雛的時候，會不斷穿梭在林間尋找食物，直到咬滿一嘴的蚯蚓才飛回巢中哺育幼鳥。

色彩鮮豔絕倫的八色鳥是台灣的夏候鳥，每年的4月底、5月初從東南亞等地飛抵台灣，在台灣繁衍下一代，然後再於10月或11月離開，至中國南部、越南、蘇門答臘、婆羅洲等地過冬。

八色鳥的名稱源起於身上的濃綠、藍、淡黃、黃褐、茶褐、紅、黑和白等八種色彩，這一群鳥類嬌客在全世界的總數量不過幾千隻而已，由於八色鳥生活的森林依然面臨強大的開發壓力，因此數量可能還在持續減少中。台灣以雲林縣林內鄉一帶是八色鳥繁殖密度較高的地區，由於數量並不多見，在台灣也被列為第二級珍貴稀有的保育動物。

八色鳥喜愛在濃密且變異度高的林相活動，通常在灌木的底層築巢，不過生性謹慎隱密，只有在覓食時比較容易發現牠們的蹤跡。食物以蚯蚓、大型昆蟲等無脊椎動物為主，拍攝八色鳥的攝影者最常捕捉到的畫面就是嘴喙塞滿蚯蚓，真不知牠們怎麼能夠一口氣將嘴喙塞得滿滿的。八色鳥在台灣的聲名大噪肇始於一場保護家鄉的運動，雲林縣林內鄉湖本村為了讓八色鳥可以在此安心地繁衍下一代，現已成立湖本生態村，以發展生態旅遊為主要訴求的社區營造運動，由於保護用心，目前已成為全世界最容易看到八色鳥的著名地點，吸引許多國內外賞鳥團體到此朝聖，堪稱是人鳥雙贏的最佳範例之一。

八色鳥白色的肚子上有一塊紅斑，色彩十分特殊。

雲林縣林內鄉湖本村為了保護八色鳥，成立了湖本生態村，發展以生態旅遊為主的社區營造，提供想欣賞八色鳥的民眾一個非常棒的資訊中心，也是生態旅行的極佳去處。

Lesson

11

The 100 Essentials of Nature Lessons for Parents in Taiwan

春天課堂：生命盛宴。

都會裡的外來椋鳥

在台北街頭流竄的外來亞洲輝椋鳥，族群眾多，儼然是街頭小霸王的態勢。

大家可能不曾特別留意過，外來種的椋鳥科鳥類已悄悄在我們生活周遭落地生根，而且還特別喜愛都會環境，對於許多人工設施或建築物都適應良好，儼然成為台灣都會的「新住民」了。

這些外來的椋鳥當初引進台灣大多是做為寵物鳥之用，不論是被棄養或是逃出鳥籠的個體，牠們大多可以生存下來，同時也開始自行繁殖，如今到處可見的家八哥已嚴重威脅台灣原生八哥的生存。家八哥早已成為全世界著名的入侵種害鳥，由於繁殖迅速，會大量消耗環境裡的食物來源，嚴重排擠台灣八哥的生存空間，同時也會佔據八哥喜愛的築巢地點，導致八哥的數量銳減，只能退守至家八哥較不喜愛出沒的農村地帶。

雖說家八哥是個惹人嫌的外來鳥種，但如果撇開牠們的生態危害不談，其實牠們也是頗有可觀之處。一身咖啡色鳥羽，頭頂沒有台灣八哥特有的叢狀冠羽，眼睛四周鮮黃色的裸皮十分顯眼，讓您不記得牠也難。不過家八哥最有趣的還是牠們模仿聲音的本事，真的是維妙維肖，常讓人誤判，以為是碰到別種鳥，但定睛一看，才知道又受騙上當了。有時覺得家八哥就像是調皮搗蛋的青少年，不惡作劇一下是不會罷休的。

此外，近二十年來亞洲輝椋鳥已經成功地定居在台北市、台中市、彰化市、嘉義市、高雄市、宜蘭縣等都市內或市郊，這種人工引進的外來椋鳥，全身黑綠色，在陽光下帶有明顯的墨綠色閃亮光澤，非常適應都市環境，因為都市裡的公園樹木或是行道樹，大量提供牠們食物來源或是棲息活動的場所。亞洲輝椋鳥有群居性，白天會成小群覓食，到了黃昏時分就開始群集至固定的高處停棲，不停地喧嘩或各自整理羽毛，天黑前才飛到夜棲的大樹過夜。輝椋鳥在台北市常挑選高樓的招牌、路標或交通號誌的橫向鋼管來築巢，每年5至7月是牠們的繁殖期。這段時間過馬路時，不妨多多留意一下紅綠燈的鋼管，不難發現親鳥忙進忙出，沒多久幼鳥也會冒出來。剛離巢的幼鳥就有很好的飛行能力，在行道樹與大樓之間穿梭自如。繁殖期過後，幾個家族的親鳥和幼鳥又會集結一處，過著群居的生活。

臉上有黃色裸皮的家八哥有著模仿聲音的本事。

每到傍晚，幾百隻的輝椋鳥都會聚集在台北車站附近的樹上準備過夜。（此為亞成個體）

The 100 Essentials
of Nature Lessons for
Parents in Taiwan

春天課堂：生命盛宴。

都會猛禽

只要聽到大冠鷲響亮悠揚「呼悠…呼悠…呼悠…」的叫聲，抬頭往天空尋找，就能看到牠翱翔天際的身影。

Crested
Spilornis cheela

在新北市的新店廣興，常可見到魚鷹表演捕魚特技。

賞老鷹（黑鳶）是基隆港著名的賞鳥活動。

由於人類一再入侵其它生物的家園，適應力差的通常退守至破碎的棲地苟延殘喘，而少數適應人類生活環境的種類，則反而利用優勢逆轉勝，在都會環境中贏得一席之地。

猛禽類的鷹或貓頭鷹一般還是必須倚賴森林為生，都會中出現的猛禽以鳳頭蒼鷹最具代表性。鳳頭蒼鷹對於環境的適應力很強，是台灣唯一能夠全年生活於都會區的日行性猛禽，而且還可以成功繁殖下一代，如今在台北、台中、台南等都會日益普遍。例如台北的植物園就有鳳頭蒼鷹的巢，吸引許多愛鳥者長期守候。大安森林公園的生態日趨豐富，大批的家鴿、麻雀、松鼠穿梭其間，自然成為鳳頭蒼鷹最好的覓食地。不過想要找到鳳頭蒼鷹，還是得往上看，斑駁的身影隱身於樹冠間，考驗賞鳥人的眼力。不過牠們大多時間都停棲在樹上，飛行時間不長，因此只要在樹上找到牠們，通常可以盡情看個夠。

大冠鷲是我最為偏愛的鷹類之一，或許因為牠們經常出現在家園周遭，特別是好天氣的早上，很容易聽見大冠鷲響亮悠揚的「呼悠…呼悠…呼悠…」鳴叫聲，順著聲音的方向尋找，可以看見一隻或數隻大冠鷲一邊緩慢盤旋、一邊鳴叫，有時還看得出來是相互嬉戲追逐，讓人心嚮往之。大冠鷲又名蛇鵰，特別喜歡吃青蛇，有一次清晨7點多出門，車子開在山路上，一隻啣著蛇的大冠鷲竟然迎面而來，差點撞個正著，幸而牠馬上拉高騰空而去，不過這驚險萬分的畫面早已讓開車的姐姐嚇出一身冷汗。

此外，以前台灣非常普遍的，也算是大家熟知的猛禽之一，早年農家放養在外的雞隻最怕老鷹來襲，常常損失慘重。但隨著生存環境變化，老鷹已成為罕見且受保護的猛禽之一，如今只有在基隆港比較容易看到，也成為當地最著名的賞鳥活動。老鷹是自然界的清道夫，以人類丟棄的禽畜及海鮮的內臟肉塊、死魚、小動物死屍、廚餘等為食，是清理環境的好幫手。

魚鷹雖然不算是常見的猛禽，但牠們多半出現於有豐富魚源的人類聚落之水域周遭，加上不太怕人，所以成為觀賞猛禽的重點種類之一。魚鷹覓食的畫面很好看，捉到魚後通常飛到水域裡或岸邊的立樁、蚵架、漂流木、石堆等處進食或停棲休息。像我住家附近的新店燕子湖，每每到了魚鷹出現的季節，岸邊總是擠滿了賞鳥人或拍攝者，蔚為奇觀。

都會公園裡食物充足，儼然成為鳳頭蒼鷹的棲身之所。台北市的大安森林公園，每年都有繁殖紀錄。

生活在中海拔山區的白面鼯鼠，
也是台灣的飛鼠成員之一。

Lesson

13

The 100 Essentials
of Nature Lessons for
Parents in Taiwan

春天課堂：生命盛宴。

飛鼠覓食

在樹上高來高去的飛鼠，大多生活在山區的樹林裡，其中以大赤鼯鼠最為普遍，從100公尺的低海拔到2600公尺高的森林都有。其實不要認為一定要往山裡跑才看得到大赤鼯鼠，台北盆地邊緣的低海拔山林有機會看到牠們。另一種白面鼯鼠只有中海拔山區才看得到，牠們生活的森林海拔高度比大赤鼯鼠整整多了一千公尺。

飛鼠最吸引人之處自然是牠們的「飛行」能力，不過那並不是飛而是滑翔。飛鼠前腳和後腳之間的身體兩側有大片皮膜相連，撐開之後就像是一個風箏，可以在樹木之間滑翔，不過飛鼠只能向下滑翔，因此移動前牠們往往要先往高處攀爬，找到適合的地點之後再一躍而下，通常可滑行20至30公尺遠。

飛鼠的活動時間是在夜晚，白天大多躲在樹洞的巢裡休息，完全不見蹤影。日落後一小時左右，飛鼠才會開始活動，越夜越美麗，晚上9點和深夜2點是飛鼠的活動高峰，然後日出前1、2小時就回巢休息了。因此想要觀察飛鼠，勢必要在晚間進行，不過不熟悉野外的人並不推薦單獨行動，最好還是參加團體的解說活動為宜。

第一次看到飛鼠是在大樹作者許育銜位於三峽的農場，當時主要是為了欣賞螢火蟲之美，結果螢火蟲一閃一閃亮晶晶大會告一段落之後，剛好碰上飛鼠窩在高大的亞歷山大椰子的頂梢大啃果實，以手電筒照過去，只看見兩顆反光的紅色眼睛，是大赤鼯鼠沒錯。根據許育銜的觀察，只要是椰子的結果期，飛鼠幾乎每晚造訪，而且往往是固定的椰子樹。飛鼠開始進食之後大概都會待個3、40分鐘之久，所以發現牠們之後可以好整以暇地慢慢欣賞。

台北的富陽公園由於臨近山邊，原生的低海拔山林十分繁茂，多樣的樹種提供了大赤鼯鼠豐富的食物來源，特別是長嫩葉、嫩芽或結果繁多的春天，是值得造訪的好地點。觀察飛鼠的最大樂趣就是看牠們吃得忘我，有時露出小小臉龐，可愛的模樣跟松鼠差不多。

在台北市的公園裡就能見到大赤鼯鼠，讓人十分開心。

大赤鼯鼠來到結滿果實的樹上，大快朵頤一番。

牠們以滑翔的方式在樹與樹之間移動。

Lesson

14

The 100 Essentials of Nature Lessons for Parents in Taiwan

春天課堂：生命盛宴。

低海拔山林的調色盤

由於家住新店的低海拔山區社區，每年到了氣溫回暖的春天，天氣變得舒適宜人，是適合外出散步的季節，同時山景也不斷變幻色彩，讓人目不暇給，是全年最美的時段，天天都迫不及待出門，和狗狗一起享受燦爛的春光。

首先上場的自然是名聞遐邇的山櫻花，先開的一定是桃紅色系的山櫻，等到它們全部盛放、凋零到長出鮮嫩的綠葉之後，換成粉紅色系的山櫻登場，像是接續前者般綻放，色調則轉成輕快優雅的粉紅。最後一輪則是日系的櫻花，包括吉野櫻、富士櫻、八重櫻等，它們的色系更加清淡，但花瓣飄零時別有風味。

等到櫻花全都長出綠葉後，山坡上原本平淡無奇的綠色山林，樹冠上紛紛抹上鮮黃的色彩，讓人眼睛為之一亮，是相思樹開花的季節了。此時此刻是相思樹最美的季節，其實它們的黃花極小，但數大便是美，滿山遍野的黃，讓您不想看到也難。不過相思樹盛放時，空氣中會有股奇特的酸醋味，聞過一次終身難忘。

燦爛的紅黃色系將春天妝點得美輪美奐，為了讓視覺不致疲勞，之後登場的是潔白如雪的油桐季節，滿山滿谷開得熱鬧非凡，原本完全無法分辨你我的綠色森林，樹冠滿盈的白雪，好像是油桐的點名大會，讓人恍然大悟原來這裡有這麼多油桐生長著。油桐不僅遠觀美麗，就連落花也成了台灣山野的盛景之一，四月雪或五月雪的稱號吸引許多人上山賞花，走在鋪滿白色花瓣的山徑上，徐徐涼風襲來，眼前的景致真是美極了。

春天時分從高速公路南下，大概到了新竹、苗栗以南，很容易發現路旁開滿浪漫夢幻紫花的大樹，那就是台灣原生的苦楝。其實台灣苦楝的姿色一點都不差，卻因為名字裡的「苦」，讓它成了寂寞的樹種。我覺得苦楝的紫色花海最適合在雨中欣賞，濛濛細雨讓它的色彩更顯空靈。

低海拔山野春天的調色盤，到了梅雨季節冒出一叢叢粉紅色的絡石花海，大概已近尾聲，成片淡綠、鮮綠、濃綠的山林主色調，絡石的輕柔粉紅色調真是印證了「萬綠叢中一點紅」，雖然淡卻輕忽不得。我最愛在綿綿細雨中欣賞絡石，不論是在家裡的窗前，或是正在烏來享受泡湯，絡石的美總讓我看得目不轉睛，同時也提醒我夏天腳步近了，即將進入蟬聲喧嘩、汗流浹背的季節了。

苦楝淡紫紅色的花朵，是春天最舒服的色彩。

一到油桐開花的季節，滿山滿谷熱鬧非凡。

Lesson

15

The 100 Essentials of Nature Lessons for Parents in Taiwan

春天課堂：生命盛宴。

春天的香氣之旅

七里香

柚子花

桂花

欣賞山林之美，除了常用的視覺、聽覺之外，其實還有一般較不熟悉的嗅覺，因為氣味很難描述，加上飄浮於空氣中，渺小且難以預期，所以常遭忽略。其實春天在戶外散步時，不妨多多嗅聞幾下，常常會有意外的驚喜。

像是清雅悠揚的桂花香，每每總是走在山徑時，不經意地嗅聞到，順著氣味尋覓，這才發現步道旁的桂花正開著細小米白的花朵。桂花因為生性強健，是懶人也種得活的植物，所以成為社區裡最受歡迎的樹籬植物，加上它們一年開花好幾次，所以散步不時都會聞到桂花淡雅的香氣。以前曾經從社區一路走到廣興一帶，無意間發現有個地方種滿桂花，就像是個桂花村，其中還有幾株老態龍鍾的桂花老樹，不同於一般常見的灌木狀，反而像是大樹般的喬木，非常漂亮，只可惜不是開花期，否則滿樹馨香將更讓人難忘。

此外七里香（月橘）也是社區大量栽植的矮灌木，平常其貌不揚，但是一旦開花，濃烈的香氣遠遠就聞得到，也難怪會被稱為「七里香」。七里香和桂花一樣，大多修剪成灌木狀，但爸媽一次逛建國花市，發現了一棵七里香老樹，樹型飽滿漂亮，是具體而微的大樹，爸媽看了好喜歡，就買回家種在庭園裡，讓家裡可以時時享受七里香的香氣。

而我最愛的則是春天的柚子花，米白色的花朵不小，香氣也很濃，我的小庭園就種了一棵，開花時打開陽台的窗戶，香氣一路傳到廚房裡，讓人整天心情好極了，就連貓咪也不斷嗅聞空氣，牠們可能也在納悶那是什麼味道。其實第一次聞到柚子花的味道，是在一整片的柚子園內，香氣濃烈得讓我想起小時候洗澡用的「美琪藥皂」，不知是我的嗅覺記憶有誤？還是藥皂的味道真是如此？如今再也找不到美琪藥皂，也無從驗證我的嗅覺記憶了。

鄰居的花園裡種了一株大花蔓陀羅，它的花苞碩大，而且整個開花過程的變化十分有趣，看它一夜大一寸，期待的心情油然而生。盛開後的大喇叭花倒掛枝頭，十分美麗，有趣的是一天夜裡帶狗散步，路經這叢大花蔓陀羅，突然聞到一股香氣，這才發覺原來它也是香花植物。不過白天的氣味似乎淡得多，不容易發現，但一到夜裡便轉趨濃烈，看來應該是為了吸引夜裡的蛾或其它昆蟲來為它授粉。

春天時分，庭園或山野都有許多植物忙著開花，傳宗接代，而香花植物的香氣有其生態意義，但對人類而言，就好比是花朵給我們的額外紅利，別忘了趁著美好春光，大力嗅聞一下稍縱即逝的香氣吧！

像下雪般的流蘇的花朵也帶有淡淡的芳香。

爸媽必修
自然課程
Chapter 002

五色鳥嘹亮的木魚聲，揭開了夏天的序幕。
震耳欲聾的蟬聲，停滯高溫的空氣，讓人昏昏欲睡。
炙熱太陽下山了，蟲聲蛙鳴是夏夜的主角。
還有別忘了黑暗林子傳來的「呼．呼」聲，
那是張大眼睛的領角鴞正在跟您打招呼。

夏天的課堂～
享受自然。

The 100 Essentials of Nature Lessons
for Parents in Taiwan

夏天的課堂：享受自然。

高山野花的饗宴

阿里山龍膽

台灣是個多山的島嶼，不同的海拔高度造就了台灣豐富而多樣的植物生態系。以中高海拔的山區而言，夏季是野花上場的季節，一波波不同的野花輪番上陣，將台灣的高山妝點得既燦爛又吸睛。

許多人都認為台灣沒有漂亮的野花景觀，跟溫帶地區大片野花完全無法相提並論。其實台灣的平地和低海拔野花大多含蓄且隱晦，需要用心俯視，才能理解它們的美麗。不過高山的野花景致就像溫帶般豪放，只是並非人人皆可欣賞，唯有親近大自然的登山客才有機會親眼目睹，或許這也是許多人樂於負重登山的原因之一。

幸而台灣的高山不全是如此難以親近，推薦大家可以在夏天造訪合歡山，不僅不用擔心如賞雪季節般人擠人，更可輕易地一親高山野花的芳澤。合歡山宛如高山野花的秘密花園，從5、6月的高山杜鵑，一路延續至整個夏季的龍膽、薄雪草、烏頭、籟簫、柳葉菜、高山沙參等，最後再由豔紅的虎杖收尾。

高山野花大多必須掌握短短的夏季，大量集中開花、結果並繁衍下一代，因為這段時間的陽光和氣溫最為適宜，加上授粉昆蟲的活動高峰期，造就了夏天的高山野花饗宴。高山杜鵑的粉紅花海為高山野花季揭開序幕，原本平淡的綠色山坡抹上迷濛的粉紅色調，加上霧濛濛的天氣，彷佛置身於衆神的花園。

高山野花的色調似乎比平地野花來得濃烈許多，不是正黃，就是正藍、正紫，就連白花在陽光下也顯得格外耀眼。短暫的夏季，盡情展現生命，也盡情享受生命之美，高山野花完全體現了這樣的生活方式。

玉山龍膽是合歡山上的美麗主角之一。

玉山石竹的粉紅色花朵，好似彩球在山坡擺盪著。

生命力強韌的百合花在碎石波上綻放著。

玉山佛甲草的金黃花朵也是不可錯過的美景之一。

Lesson 17

The 100 Essentials of Nature Lessons for Parents in Taiwan

夏天的課堂：享受自然。

夏之聲音組曲

夏天早晨傳入耳中的多半是五色鳥的嘹亮鳴聲，
雄鳥喜歡佇立於毫無遮蔽的大樹頂端引吭高歌。

領角鴞「呼．呼」的叫聲，
是夏夜森林裡的曲目之一。

城市的夏天，除了讓人煩躁的車水馬龍、冷氣空調等噪音之外，樹下震耳欲聾的蟬聲讓人找回一絲與自然的聯繫，也是台灣夏天聲音組曲的第一首選。雄蟬為了完成與生俱來的使命，聲嘶力竭不停地鳴叫，藉以獲得雌蟬的青睞，無奈對手雲集，能夠順利繁衍下一代的競爭壓力，完全超乎我們的想像，然而短暫生命的時間一到，縱然沒能擄獲芳心，也只能飲恨而終。夏天的蟬聲是雄蟬的最終舞台，也像是悲愴交響樂，充分傳達了生命稍縱即逝的惋惜與無奈。

天色剛亮的夏天早晨，傳入耳中的多半是五色鳥的嘹亮鳴聲，雄鳥喜歡佇立於毫無遮蔽的大樹頂端引吭高歌，有時一棵樹上還會同時出現好幾隻五色鳥，看來就連好的舞台位置也是競爭異常激烈。每年入夏的五色鳥鳴聲，總是提醒我夏天到了，隨著牠們高亢的鳴聲，天氣也一天天地炎熱起來。

太陽下山後，夏夜的主角換成蛙類登場了。如果下午來了場雷陣雨，蛙的結婚進行曲將更為活躍，從黃昏時刻開始，就聽到迫不及待的腹斑蛙不停地大叫「給・給・給」，夾雜著斯文豪氏赤蛙的「啾」鳥叫聲，接著還有白頷樹蛙的敲竹竿聲加入這場蛙類大合唱，以及突如其來的貢德氏赤蛙的狗吠聲，讓夏天的夜裡既熱鬧又有趣。不過我最偏愛的是夏夜樹林裡傳來的領角鴞「呼・呼」叫聲，聲音不大卻傳得很遠，興起之餘我也會跟著模仿兩聲回應，沒多久樹林又傳來「呼・呼」聲，好像在回應呼喚似的，讓我樂此不疲，不停地跟暗夜裡的領角鴞對話。雖然完全看不到牠的身影，卻有種微妙的「心有靈犀一點通」感覺。

夏天從白天到夜晚，不同時段有不同的生物登場，這一場「夏之聲音組曲」音樂會，年年舉辦，不需門票，也無人潮，是可以完全獨享的，也只有夏天才有，只要豎起耳朵，多一點留心，是每一個人都可以享受的自然音樂會。

夏日白天聽著蟬叫，夜裡還可以尋找它蛻殼的身影。

白頷樹蛙以敲竹竿聲加入這場夏夜蛙類大合唱

腹斑蛙在夜裡不停地大叫「給・給・給」。

Lesson

18

The 100 Essentials of Nature Lessons for Parents in Taiwan

夏天的課堂：享受自然。

撈蝦捕魚涼一夏

夏天的戶外活動當中，與水親近是最受歡迎的，不論是海邊或溪邊，只要一到假日就擠滿了人潮。其實除了玩水嬉戲之外，也可多認識一下這些水域環境裡的小生物，讓親水活動充滿自然觀察的樂趣。

以前小時候爸爸最愛在假日帶我們幾個小孩去爬山，媽媽為了鼓勵我們，總是準備豐盛無比的便當，在那個物質匱乏的年代，便當菜已是天大的享受，也讓我們養成了從事戶外活動的興趣與體力。

夏天也常常全家總動員，帶著香噴噴的米糠飯到溪裡撈蝦。當時的溪流生態還相當良好，水質乾淨，蝦子也多得數不清，每每喜歡和碩大的蝦隻鬥智，挑選適當的石塊，以及水流較不湍急的位置，才有機會誘捕到超大隻的蝦子。看到蝦子慢慢從石塊下伸出長長的腳，想要挾住引誘牠們的米糠飯，我總是屏息以待，等待最佳時機再一網到手。不過當時完全沒有淡水魚蝦的資訊，雖然玩了許多年的夏天，卻始終對於牠們一無所知，直到多年後編輯了作者林春吉的『台灣淡水魚蝦生態大圖鑑』，才恍然大悟原來當時最喜歡鬥智的對象是長臂蝦科的大和沼蝦。不過現在回想起來，這樣的生活經驗是最好的自然教育，親近水域，瞭解魚蝦出沒的最佳環境，甚至想要成功將蝦子手到擒來，也要知道蝦子向後逃竄的習性，才懂得將網子放在蝦子的後方。這些都是生活常識的累積，也悄悄在我心裡種下了自然的種子。

台灣有著豐富的溪流資源，等著你我去親近。

夜間是溪蝦出沒的時刻，夏夜撈蝦也是十分有趣。

見到長手臂的溪蝦，
都是鎖定撈蝦鬥智的
大目標。（莊維使 攝）

Lesson 19

The 100 Essentials of Nature Lessons for Parents in Taiwan

夏天的課堂：享受自然。

香魚與苦花

苦花的嘴為圓鈍形口吻，非常適合啃食石塊上的藻類。

香魚以藻類為食，喜歡生活在水質清澈、水流湍急的河川中上游。

台灣的淡水魚種類繁多，但大多不為人知，只有少數幾種名氣大的如國寶魚櫻花鉤吻鮭、絕種的香魚、養殖的鱒魚以及溪釣首選的苦花，才稍稍引人關注，但大體而言，台灣的淡水環境一直持續變壞中，我們對待「水」的方式如果不脫胎換骨，生活周遭的淡水環境是不可能有改善的一天。

香魚是大家熟知的淡水魚，又稱為年魚或桀魚，日文的漢字為「鮎」，是日本人夏天必嚐的美食之一。不過台灣的原生香魚早已絕跡，最後一次的產卵紀錄是1967年，現在看得到的養殖香魚都是引種自日本的琵琶湖香魚。

香魚以藻類為食，喜歡生活在水質清澈、水流湍急的河川中上游，像烏來的福山或是宜蘭的冬山鄉，都是養殖香魚的優異環境。香魚的魚鱗細小，有一種特殊的瓜果體香，加上攝取的藻類，使其魚肚有種無可比擬的苦甘味，讓老饕們津津樂道。野生香魚對環境的要求挑剔，也因此成為溪流和河口的最佳環境指標生物，像日本始終保有香魚的溪釣文化，夏季開放，其它三季休養生息，讓香魚繁衍下一代。

香魚的性情活潑、游泳敏捷，是日本喜愛溪釣人士的夏日首選。台灣現在於中北部、宜蘭及花東溪流也都能發現的香魚族群，應是每年放流的魚群或是自養殖場逃逸個體。

苦花的正式名稱為鯝魚，一般生活在水質清澈、石礫遍佈的湍急溪流裡，算是十分常見的淡水魚。有些地方如坪林的護溪措施，讓苦花的生育良好，從溪岸邊望向清澈的溪水，一條條游動的苦花，清晰可見，顯見溪流環境良好。

苦花的嘴為鸚哥狀嘴型，即圓鈍形口吻，非常適合啃食石塊上的藻類，也因此魚肚和香魚一樣，有種美味的苦甘味。夏天裡老練的溪釣高手喜歡挑戰苦花，特別是體長超過25公分的大苦花，強悍的生命力以及與釣客對峙的拉勁，每每都讓人大呼過癮。

香魚和苦花在台灣溪流的命運大不同，兩者都是深受喜愛的淡水魚，前者是絕種後重新引進的族群，後者則是族群生育良好的原生淡水魚。夏天品嚐這兩種美味的淡水魚，也不妨多關心一下台灣的溪流生態。

苦花的正式名稱為鯝魚，一般生活在水質清澈、石礫遍佈的湍急溪流裡，算是十分常見的淡水魚。

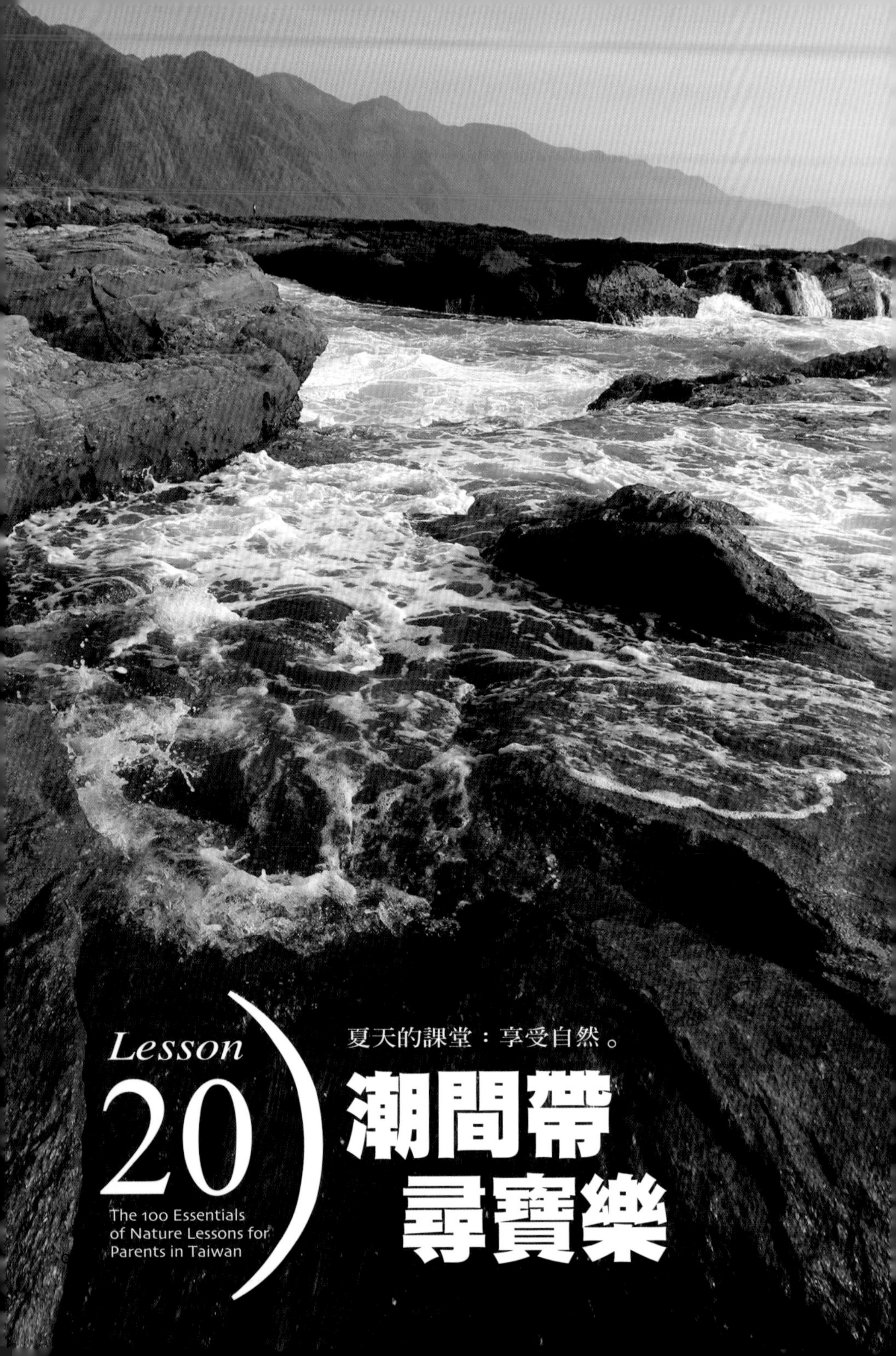

Lesson 20

The 100 Essentials of Nature Lessons for Parents in Taiwan

夏天的課堂：享受自然。

潮間帶尋寶樂

海水永無止盡地拍打海岸，而海岸隨著潮汐的節奏，潮漲潮退，一下子是陸地，一下子又回復海水世界。如此多變的環境就是潮間帶，生活在潮間帶的生物無不使出混身解數，方能立足於此。對於人類而言，退潮時的潮間帶是親近大海的好時機，沙岸上的貝類、螺類、螃蟹，礁岩海岸的各式水窪、石窟，藏身其間的小生物，都帶給人們無限的樂趣，也是適合大小朋友尋寶、認識海洋生物的好去處。

台灣的西海岸是泥沙海岸，潮間帶上看得到的多是泥沙貝類，如玉螺類、筍螺或許多雙殼貝類。其它的礁岩海岸潮間帶則變化更多，有漂亮的笠螺、寶螺、蠑螺等，就連一個岩石間的小水潭都大有可觀之處，有時找得到海綿、海葵或海星的蹤跡，而來不及隨潮水撤退的小蝦、小蟹、小魚，只能困守在小水潭裡，等待潮水再一次引領牠們回到大海的懷抱。

趁著潮退好好欣賞一下這些小小生物，不須浮潛，也無需裝備，好整以暇地一個個水窪、潮池、潮溝尋寶，保證比水族館的展示還精彩。像是石蓴、寄居蟹、螃蟹、海參、海膽、螺類、小魚、鰕虎等，讓人目不暇給。潮間帶的特殊漲退潮特性，讓人們很容易接近，長久以來生活於海邊的居民早已學會利用這個特殊的生態系，採食藻類、螺貝類、海膽等。不過也因為潮間帶位處於海洋與陸地交接的敏感地帶，常遭受極大的壓力，特別是垃圾填海或防波塊等工程，與海爭地的結果讓台灣的海岸線景觀支離破碎。

台灣是個海島國家，但我們對待海洋的方式卻尚待改善，海洋孕育生命，也是許多生物賴以為生的重要生態系。想要親近海洋，第一步就從潮間帶觀察做起，感受這裡豐沛的生命力，是夏天親子同樂的最佳去處。

海膽是潮間帶十分常見的生物之一。

潮間帶可以觀察到許多不同的寄居蟹棲息在其中。

若要更貼近觀察，浮潛是個好方法，但要做好安全措施才能下水。

Lesson 21

The 100 Essentials of Nature Lessons for Parents in Taiwan

夏天的課堂：享受自然。

紅樹林生態樂園

河口地帶的紅樹林一直默默扮演重要的生態角色。

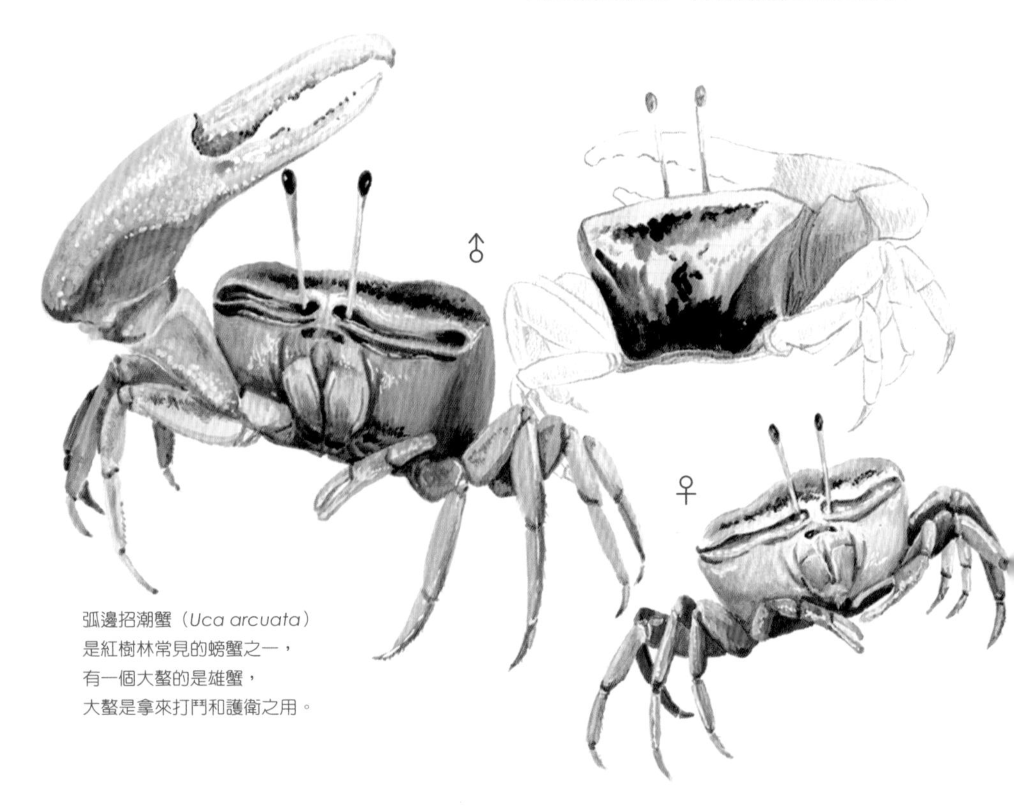

弧邊招潮蟹（*Uca arcuata*）
是紅樹林常見的螃蟹之一，
有一個大螯的是雄蟹，
大螯是拿來打鬥和護衛之用。

河口地帶的紅樹林一直默默扮演重要的生態角色，特殊的環境條件讓植物的生長與眾不同，每天潮起潮退帶來豐富的養分，讓這裡也成為許多魚類、蟹類孕育的溫床，小生物繁多，自然吸引大量水鳥在此覓食、休憩。對於熱愛大自然的人而言，來一趟紅樹林生態之旅，每一次都可以收穫良多。

在這片河海交接的半鹹水濕地裡，紅樹林的植物有其獨樹一幟的生存方式，例如紅樹科的水筆仔，以胎生苗的繁殖克服了惡劣的環境條件，先在母樹上發育成熟，最後脫離母樹掉到泥灘地上，大大提高了存活率。除此之外，排鹽、保水的厚實葉片，多功能的支持根和呼吸根，都是紅樹林植物的生存利器。河流到達河口地帶，帶來了無數沖積物，這些礦物質和有機質與海水的鹽分混合之後，形成了質地細密的泥灘地。潮退之後泥灘地出現了大批覓食的生物，這裡豐富的腐植質供養了無數的螃蟹、貝類、螺和彈塗魚，其中以招潮蟹和彈塗魚最容易觀察。

紅樹林裡最常見的招潮蟹包括清白招潮蟹、弧邊招潮蟹、北方呼喚招潮蟹、台灣招潮蟹等，雄蟹揮舞著單支的大螯腳，虎虎生風，一方面保護自己的領域，同時也吸引雌蟹的目光。潮水剛退去的時候，不妨找個容易觀察的地點，好好坐下來欣賞這些招潮蟹忙進忙出，而雄蟹的比武大賽更是不容錯過的好戲。

生活在紅樹林的彈塗魚是奇特的魚類，明明就是魚，卻可以上岸休息，退潮時彈塗魚喜歡用發達的胸鰭，匍匐前進爬到堤岸、沙洲、泥灘或樹枝、石頭上，不過牠們常常靜止不動，加上身體又有保護色，需要好眼力才能找到牠們。另一種體型較大的花跳只會在泥灘地上活動，不過當春夏的求偶季來臨時，雄花跳的求偶舞值得一看，觀賞性十足。大家都愛吃的蟳仔（鋸緣青蟳）也生活在紅樹林裡，以小型的螺貝類和魚蝦為食，牠們會挖掘洞穴做為藏身之處，不容易發現其蹤影。

河口的紅樹林生態孕育了繁複而多樣的生命網路，是許多生物賴以生存的重要棲息地。經過二十餘年的保育推廣，台灣各地的紅樹林現在已經成為戶外教學、生態導覽的最佳去處。

蟳仔（鋸緣青蟳）棲息在紅樹林底層泥灘裡。

彈塗魚在退潮會用發達的胸鰭，匍匐前進爬到泥灘上。

水筆仔的胎生苗，先在母樹上發育成熟後才會掉落。

Lesson

22

The 100 Essentials of Nature Lessons for Parents in Taiwan

夏天的課堂：享受自然。

墾丁螃蟹過馬路

屬於大型陸蟹的毛足圓軸蟹常常會在月圓時橫越馬路，無奈「蟹」臂無法擋車，下回遇見牠請讓牠先行吧！

墾丁的夏天一向遊客如織，洶湧的人潮、車陣讓這裡承受了莫大的遊憩壓力，特別是每年的7月到9月正值墾丁陸蟹的繁殖期，不少螃蟹在通過筆直寬敞的公路時慘死輪下。為了改善這種狀況，墾丁國家公園正大力宣導「護送螃蟹過馬路」的活動，也在公路旁的排水溝上設置水泥蓋，以做為螃蟹專用的橋樑，此外還有保育團體更於夏天每個月的農曆初一和十五「陪螃蟹過馬路」，好讓更多陸蟹可以順利回到海裡產卵。下次造訪墾丁時，何妨來一個截然不同的賞蟹夜之旅，創造屬於自己的墾丁自然印象。

墾丁香蕉灣的海岸林，是目前全世界的陸蟹棲息環境當中，螃蟹種類的多樣性高居世界第一，如台灣特有的林投蟹、紅指陸相手蟹、樹蟹等三種新種螃蟹就是由劉烘昌博士與國外學者在這裡共同發現的，其他如毛足圓軸蟹、兇狠圓軸蟹、紫地蟹、中型仿相手蟹及印痕仿相手蟹等陸蟹，種類之多不勝枚舉。

每年的夏秋之際是墾丁陸蟹的年度盛事，每當繁殖季開始，雌雄蟹喜歡在雨後的夜晚於陸地完成交配、產卵之後，大腹便便的抱卵雌蟹便獨自展開危險重重的橫越馬路之行。台26號省道是雌蟹的大難關，這條公路不僅寬敞，兩旁還有深邃的排水溝，許多雌蟹常困在排水溝內無法脫身，或是橫越馬路時被疾駛而過的車子壓得粉碎。

想要幫助墾丁螃蟹過馬路，其實一點都不難，驅車從歐克山到鵝鑾鼻燈塔的這段公路上，只要放慢速度留意一下路面，就會不時發現正從山溝爬出、準備橫越馬路到海裡產卵的各種陸蟹。除了路面的螃蟹之外，如果把車停在路旁，以手電筒巡視路邊的草堆或水溝，一定可以發現更多的陸蟹，其中絕大多數是體型最大、數目最多的毛足圓軸蟹，而且都是抱卵的雌蟹，牠們在中秋節前後達到繁殖的最高峰，一個晚上可以發現橫越馬路的雌蟹數目高達數百隻之多。農曆的初一或十五，每逢大潮夜晚潮水滿漲時，到達海邊的雌蟹只需將身體浸於海水中，然後鼓動腹部將孵化的幼體釋出。一旦全部幼體釋放完畢，完成了托嬰給大海的任務，雌蟹就會馬上調頭返回陸地。

除了香蕉灣海岸林一帶，車城的海洋生物博物館到萬里桐一帶、滿州鄉港口村一帶也是大量陸蟹入海產卵的路線，如果在夏秋繁殖季節來到墾丁，請盡量減低車速，好讓這些陸蟹媽媽可以順利回到海裡生下小螃蟹。

全身紅通通的中型仿相手蟹也會在繁殖時跑到馬路上。

只要一不留神，一條寶貴的小生命就葬送輪下。

Lesson

23

The 100 Essentials of Nature Lessons for Parents in Taiwan

夏天的課堂：享受自然。

海漂果解密

棋盤腳的核果都有厚厚的纖維保護著裡面的種子，這些纖維構造讓核果可漂浮於海上，又可保護種子。

到海邊遊玩時，是否注意過生長在海邊的植物？這裡的環境惡劣，風大又高溫，加上砂土貧瘠乾燥，沒有一些特殊本事的植物是無法在此立足的。如果有機會撿到一些海岸植物的果實，不妨仔細觀察一下它們的構造，是否和一般的果實有所出入？例如海邊十分常見的林投，果實如同鳳梨般大小，是由許多核果聚生而成，每一粒核果都有厚厚的纖維保護著裡面的種子，這些纖維構造讓核果可以輕鬆地漂浮於海上，又可保護種子免於海水的侵蝕，讓林投種子可以長途跋涉，直到適合的地點再落地生根。

墾丁最有名的棋盤腳也是典型的海漂果，外形像是四方的陀螺，拿起來頗為輕盈，果皮也富含纖維質，使得果實可以在海水裡載浮載沉。另外像是穗花棋盤腳、海檬果、欖仁等樹木的果實都是典型的海漂果實，乾燥之後變得格外輕盈。還有棕櫚科的椰子等樹種也是利用海水將果實帶至遙遠的島嶼落地生根，下次喝椰子汁時，別忘了觀察一下它們果實的構造。

海漂果實的共同特色就是果肉組織鬆散，富含纖維質，很容易漂浮於水上，也可防範海水鹽分的侵蝕，直到漂到適合的位置才會發根長芽。

海邊的植物在繁衍下一代的同時，其實也無非是在開疆闢土，讓自己的群落更多更強，而遼闊的海水也成為它們傳播下一代的最佳媒介。

Lesson 24

The 100 Essentials of Nature Lessons for Parents in Taiwan

夏天的課堂：享受自然。

搶救台灣白海豚

在白海豚棲息的海域可以見到火力發電廠聳立在海岸邊。
我們應該好好思考如何對待如此稀有的海洋哺乳類動物。

2010年台灣保育運動的關注焦點是搶救白海豚，一向鮮少上新聞版面的環境議題，因為對抗的是國光石化的大開發案而成為鎂光燈下的焦點。民間的保育團體提出一個方案，全民認股募款購買濕地，期望為白海豚保留無可取代的棲息環境。

中華白海豚每年從農曆的3月23日媽祖生日之後就開始在台灣西海岸出沒，所以被台灣人暱稱為「台灣媽祖魚」。牠們正式的名稱為印太洋駝海豚，還有印度太平洋駝背豚、粉紅海豚、鎮江魚、白鰭等不同的稱呼，國際自然保育聯盟(IUCN)的保育紅皮書在2008年已正式將台灣的中華白海豚族群列入「極度瀕危」的等級。

中華白海豚多半在印度洋及西太平洋一帶溫暖的近岸海域活動，水深約為25到100公尺之間，尤其喜愛在食物豐富的河流出海口附近出沒，主要以沿岸、河口或底棲的小型珊瑚礁魚類為食，同時也會捕食頭足類生物。活動的群體一般在10隻以下，游速不快，潛水時間短，露出水面時嘴尖會呈仰角出水，再露出前額和噴氣孔，模樣十分可愛。

台灣於2002年進行調查之後發現，從苗栗、台中、彰化到雲林的近岸3公里海域有一群數量約僅70至200隻以內的白海豚棲息於此，目前的研究認為台灣西海岸的白海豚應是獨立的族群，與一般通稱的中華白海豚有別，應該正名為「台灣白海豚」。

近年來針對台灣的白海豚棲息海域進行調查，發現白海豚喜歡的石首魚科等魚類大幅減少，主要因為西海岸工業區林立，海水污染造成魚類洄游路線中斷，魚類不再游到近海而往外海游，使得一向在淺水區覓食的白海豚缺乏食物，原本數量稀少的族群更加亟亟可危。

這一群生活於台灣西海岸各個河口的白海豚，原本就數量稀少，如今棲地的破壞速度更快，還有工業區的污染排放，導致食物缺乏，以及河口淡水注入的減少，每一因素都讓其生存更加艱困。面對這樣的難題，絕對不是一句自以為是的「白海豚會轉彎」就可以為開發案背書。

成年的白海豚體色為白色，在劇烈運動後，皮下微血管血液激增，使得牠成了粉紅海豚，模樣十分可愛。

Lesson

25

The 100 Essentials
of Nature Lessons for
Parents in Taiwan

夏天的課堂：享受自然。

獼猴出沒

台灣獼猴多半生活於天然森林裡，最喜歡出沒於有溪流的原始闊葉林，從平地到高海拔地區都有牠們的蹤跡。

台灣獼猴是台灣的特有種，也是台灣除了人類以外唯一的靈長類動物，經常成群活動。為了保護台灣獼猴，讓牠們可以在野外永續生存，台灣獼猴被列為第二級的珍貴稀有保育動物，幾十年下來成效卓著，台灣獼猴的數量大幅增加，而且變成普遍常見的動物。

台灣獼猴多半生活於天然森林裡，最喜歡出沒於有溪流的原始闊葉林，從平地到海拔3300公尺都有牠們的蹤跡。但隨著台灣獼猴數量的增加，以及人類往山區的開發腳步，原本很少有機會碰面的兩者，如今倒成了比鄰而居的伙伴，也因此發生了許多前所未見的問題。

例如我居住的新店山上社區，多年來只有在夏天有機會看到台灣獼猴，牠們的群體多半在清晨及黃昏出現在社區大橋上，公猴守候於橋上警戒，而母猴和小猴則多半於橋旁的原生闊葉林裡嬉戲，只要站得遠遠地欣賞，也就相安無事。於是欣賞台灣獼猴成為社區的夏天盛事之一，直到天氣開始變冷，牠們就消失得無影無蹤。

不過最近這一兩年卻開始改變了，有一部分台灣獼猴決定選擇長居於社區內，也學會入侵住宅找尋食物，牠們展現的生存智慧讓人咋舌。冬天的山上一般缺乏獼猴喜愛的食物，如果實、嫩葉、嫩芽，甚至連打打牙祭的小蟲也都不見蹤影，於是藝高猴膽大的獼猴發現人類的家裡多半有水果，是很好的食物來源，有些則是採食庭園裡栽種的金桔、柿子等果樹，一時之間，鄰居間最熱門的話題就是「獼猴有沒有到你家？」

姐姐家曾遭獼猴入侵，餐桌上的日本柑橘被洗劫一空，而且進屋的獼猴完全沒有破壞任何東西，只是坐在餐廳角落的椅子上將橘子吃得一乾二淨，留下成堆的果皮。姐姐晚上到家後一無所覺，直到看到果皮和滴落的汁液才覺得不對勁，搜索之後發覺浴室的小窗被打開，獼猴大概就是從那裡溜進來的。我家狗狗房間的窗戶也被獼猴打開，似乎到屋裡玩了一陣子才走，但已經把我家的貓咪嚇破膽，整整一星期，只要看到我出門，每隻都跳到高處躲藏起來，直到我回家才敢放心出來。

台灣獼猴和人類的生活交集，以後恐怕只會有增無減，特別是牠們原生的森林棲地如果一再遭到破壞，覓食不易的牠們只好轉而找尋容易下手的目標。終究這是我們人類造成的後果，台灣獼猴不過是想要填飽肚子、設法存活罷了。

獼猴的棲息地被人類開發成房舍、菜園，獼猴找不到東西吃，因此人猴衝突不時上演，猴兒何其無辜？

Lesson
26

The 100 Essentials of Nature Lessons for Parents in Taiwan

夏天的課堂：享受自然。

蘭嶼季風林

蘭嶼的熱帶季風林是台灣除了恆春半島珊瑚礁台地之外的典型季風林，終年高溫潮濕，加上強勁季風吹拂，使得這裡的樹木多半不高，同時附生植物繁生，其它如支柱根、幹生花、板根以及纏繞植物都十分常見，是層次豐富僅次於熱帶雨林的森林。

蘭嶼位於台灣東邊的外海，地處琉球、台灣和菲律賓之間，呈現出豐富的植物生態景觀。原本稱為「紅頭嶼」，後因盛產蘭花而於1946年改名為「蘭嶼」。生活在這裡的達悟族(Tao)，傳說是大森山巨石與西南方海岸竹林的後裔，他們的生活與環境密不可分。

像是有著大板根的番龍眼是蘭嶼非常重要的植物之一，蘭嶼著名的拼板舟就是用番龍眼大樹的樹幹鑿成的，也是飛魚祭不可或缺的部份。而果實外形討喜可愛的棋盤腳，卻是達悟人的禁忌之樹，因為長久以來棋盤腳樹林是達悟族人的墳地，千萬別把棋盤腳的任何部份帶進達悟人的家裡，那是犯了大忌的事。

以前造訪過蘭嶼幾次，都是跟著中研院鳥類研究室劉小如博士的研究團隊，一起深入蘭嶼的森林，探訪蘭嶼角鴞的家園。記得有一次紮營在林子裡，聽著角鴞的叫聲，研究助理輪班守候，記錄一整晚的角鴞叫聲。白天則是尋覓角鴞可能的築巢樹洞，以特殊繩索攀爬上樹，用最快的速度將巢內的小角鴞一一丈量，再放回樹洞內。生態研究所累積的第一手資料是如此困難，那幾次的跟隨讓我大開眼界。

不過近年來蘭嶼已成為熱門的觀光景點，大量觀光客湧入造成當地生態莫大的衝擊，連近海的珊瑚礁似乎也不堪負荷。觀光確實可以活絡當地的經濟，但以蘭嶼如此小而敏感的島嶼，似乎應以生態旅遊為主，需要訂定清楚的規範，才能讓這裡的特殊生態永續發展。

蘭嶼有著豐富的自然與人文資源，達悟族在這島上自給自足，拼板舟的船首就是用山上的番龍眼大樹的樹幹鑿成的，也是族人重要的捕魚工具。這特殊的島嶼值得我們好好去探索。

夏天的課堂：享受自然。

壯哉玄武岩

澎湖的自然景觀豐富，除了遼闊的海洋和無人島嶼的鳥類之外，其實它的地質景觀更是首屈一指。全台灣只有這裡才看得到大規模的玄武岩景觀，目前已將小白沙嶼、雞善嶼與錠鈎嶼等三個無人島列為玄武岩自然保留區。而2002年起文建會更將澎湖的玄武岩訂為「台灣世界遺產潛力點之一」，縣政府也積極推動將桶盤嶼、奎壁山至赤嶼、小門嶼、吉貝嶼、望安的天台山、七美東北岸等地的玄武岩景觀設立為國家級的地質公園。

澎湖群島的島嶼主要由火成岩構成，火山熔岩大約是一千多萬至幾百萬年前因板塊擴張後的裂隙所噴發出來的。由於火山噴發的熔岩黏稠性比較低，因此很容易向四周流動散開，凝固冷卻收縮時會產生許多收縮中心，這些中心的張力讓岩石發生多角狀的破裂面，就會形成柱狀節理。如果熔岩的收縮張力平均，往往形成正六角形的節理，當熔岩逐漸由外緣向內部冷卻收縮時，它的多角形狀由地表向下延伸，最後就會形成垂直岩面的柱狀節理。在幾次反覆的火山噴發過程中，溢流出來的火山熔岩與沈積物相互堆疊，才構成了現今澎湖群島的特殊玄武岩景觀。

渾然天成的玄武岩景觀，展現了壯闊的氣魄，不論是岩石的形狀還是線條、色彩、質地等，再再突顯了大自然造物之奇。長久以來，生活在澎湖的住民就地取材，形成了絕無僅有的玄武岩生活文化。例如採用玄武岩當成建材，當地稱之為「黑石」，無論是厝角、牆腳、門楣、門框、窗戶等，都成為澎湖極富地方特色的傳統建築工法。此外，許多日常用品如石臼、石槽等也常以堅硬的玄武岩製成。

來到澎湖不僅可以欣賞到壯觀的玄武岩自然景致，還可進一步細細品味澎湖特有的生活文化，取材於大自然，與大自然共生共榮的生活智慧。

在澎湖本島的西嶼、大菓葉就有好幾處成片壯麗且形態各異的柱狀玄武岩可以欣賞。

Lesson

28

The 100 Essentials of Nature Lessons for Parents in Taiwan

夏天的課堂：享受自然。

澎湖夜釣鎖管

夏夜海上的點點漁火，是漁民以燈光誘捕海洋生物的盛景，如今開放海釣和海上活動之後，腦筋動得快的漁船也改行做起觀光海釣，而夏天就以澎湖的夜釣鎖管活動最受歡迎。

鎖管又名小管、鎖卷、小卷，一般15公分以下的幼體就稱為小管，多半棲息於海灣到近海的海底，具有趨光性，屬於肉食性的頭足類動物，以捕食魚蝦等小動物為生，從日本附近的西太平洋海域到台灣沿海均有分布，夏天時洄游至台灣海峽海域，是十分受歡迎的漁獲之一。鎖管的胴部呈長圓錐形，身體後半段有一對長菱形的鰭。腕十隻，其中有兩隻特長的觸手，體色為紅褐色。

澎湖於每年的5至9月盛產鎖管，夜釣鎖管原本就是漁民夏夜捕捉鎖管的方式，如今成為澎湖夏天最受歡迎的觀光活動之一。每一艘夜釣鎖管的漁船兩旁，都有強烈光線照射在海面上，以吸引鎖管靠近，遊客拿著有魚餌的釣竿放入水中，誘引鎖管前來進食，一旦釣竿變重了，就是鎖管上鉤了。要將鎖管拉離水面，動作一定要慢，急躁行事的話很可能只釣到牠的頭足而已，離水的鎖管還會大吐墨汁，沒經驗的遊客往往被噴得全身都是。不過夜釣鎖管的樂趣正是不可預期的事一一發生，而鄰近海面的點點漁火將夏天的大海妝點得既輝煌又美麗。

以往台灣人想要嘗試海洋活動，大多得到鄰近的馬來西亞、泰國或印尼的島嶼，對台灣的海域反而陌生極了。如今許多地方和離島都紛紛推出不同的海上活動，例如基隆也有鎖管季的盛會，不過玩樂之餘，還是應該要藉著親近大海的機會，瞭解台灣的海洋資源，畢竟大海是身為島嶼之國的我們最重要的自然資源，也是我們生存的根本。

釣小管船一般都會幫你準備釣竿和誘小管的假餌。

夜釣小管是新興的海上活動，很適合闔家共遊。

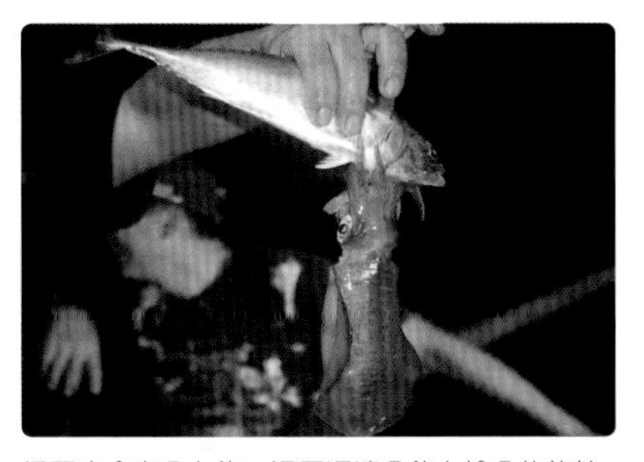

偶而也會有魚上鉤，這回還連魚釣上搶魚的軟絲。

運氣好的話一晚釣下來魚貨量十分驚人。

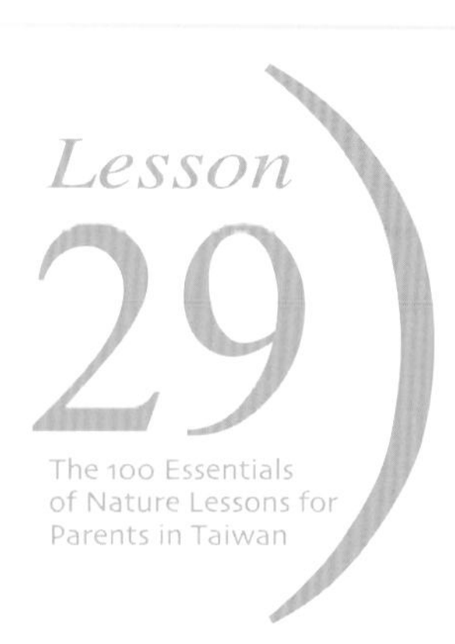

夏天的課堂：享受自然。

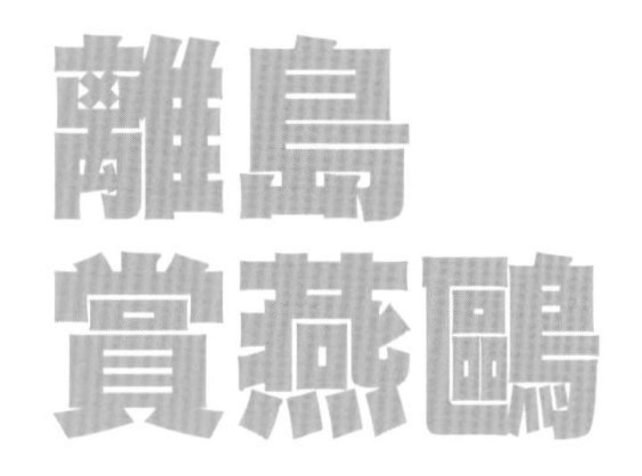

黑嘴端鳳頭燕鷗與鳳頭燕鷗十分神似，
但黑嘴端鳳頭燕鷗的嘴喙前端有一個黑色色塊，
且嘴喙尖端的白色點，是兩種燕鷗的區別。

炎熱的夏天裡，除了清晨和黃昏看得到留鳥活動之外，台灣夏天的鳥況實在乏善可陳。但是離島澎湖、馬祖卻大不相同，夏天正是賞鳥的最佳時機，因為夏候鳥的燕鷗類大量齊聚於無人小島上繁殖，藍天碧海的背景襯托下，讓賞燕鷗之行充滿了異國島嶼風情。

台灣海峽位處於東亞地區候鳥遷徙必經的路線之一，於是海峽中央的澎湖就成為候鳥遷移的最佳中繼站。澎湖的夏候鳥不論是數量或是種類上都非常多樣，其中又以燕鷗類最具特色，如今已經成為澎湖的代表性鳥類之一。

像是澎湖重要的燕鷗繁殖地，如大貓嶼、小貓嶼或是後帝仔嶼、頭巾嶼及積善嶼等離島，均有不同種類的成群燕鷗在此繁殖。燕鷗在澎湖主要以日本銀帶鯡魚等小魚為食，牠們會單獨或成群覓食，常從空中俯衝入水捕魚，高超的飛行技巧讓牠們發現魚群時，就定點鼓翼停在空中，然後一再俯衝入水捕魚，熱鬧的場景讓人看得目不暇給。

長著一頭龐克髮型的鳳頭燕鷗是其中最引人注目的種類之一，以前也曾經在台灣沿岸的海島上繁殖，現在則只在澎湖和馬祖等離島繁殖，最近幾年在澎湖以頭巾嶼及積善嶼的族群比較穩定，每年各有數百對繁殖。

所有在台灣繁殖的燕鷗都受到野生動物保育法的保護，其中最為罕見且被譽為「神話之鳥」的黑嘴端鳳頭燕鷗被列為瀕臨絕種的保育動物，黑嘴端鳳頭燕鷗在全球的數量極為稀少，事實上，2000年在馬祖的4對繁殖成鳥被著名的生態攝影家梁皆得發現以前，早已被國際鳥類學者認定為已經絕種，當時神話之鳥的再現成為轟動一時的生態大事件。不過黑嘴端鳳頭燕鷗的繁殖地點和鳳頭燕鷗一樣並不固定，過冬個體特徵也不顯著，不容易有確切的發現紀錄，因此目前的實際現況依然無法斷定。

其它諸如小燕鷗、白眉燕鷗、粉紅燕鷗、蒼燕鷗、白頂玄燕鷗及鳳頭燕鷗也都被列為珍貴稀有的保育動物。農委會依據文化資產保存法將澎湖主要的燕鷗繁殖地的大、小貓嶼劃為自然保留區，近年更依野生動物保育法將澎湖地區許多其它島嶼訂為重要的野鳥棲地。

澎湖的貓嶼海鳥保護區、玄武岩自然保留區以及北海與南海的保護區，提供了燕鷗適宜的繁殖地，不過雖然劃設了自然保護區，同時也禁止遊客登島，但是近年澎湖夏天的旅遊十分受歡迎，滿載遊客的船隻往往過於接近岸邊，對燕鷗族群造成很多的干擾。燕鷗每年選用的繁殖地點並不固定，即使已經開始產卵，也很容易因為干擾而集體放棄繁殖地，遷往它處繁殖。由此可知海島生態旅遊的管理還尚待加強、落實。

鳳頭燕鷗在澎湖、馬祖都可以觀察到牠們繁殖的身影。

Lesson
30
The 100 Essentials
of Nature Lessons for
Parents in Taiwan
夏天的課堂：享受自然。
稻米
成熟時

台灣人的餐桌上，稻米是每天不可或缺的主食，吃飯飽足之餘，我們對稻米是否有足夠的認識？而近年來的氣候劇變，導致糧食作物的生產大受影響，在蠢蠢欲動的世界大糧荒發生之前，我們是否應該好好檢視一下每一口餵飽我們的稻米？因為這可能將是你我未來生存的重要關鍵。

台灣的米主要有三大類，一是製作米粉、米苔目的「在來米」，其二是米飯主流的「蓬萊米」，其三則是包粽子、做粿的「糯米」。全世界有多達十餘萬種的稻米品種，台灣早年的先住民或原住民栽種的稻米也多達千餘種，但日治時期為了供生活在台灣的日本人食用，引進日本品種加以改良，後來蓬萊米栽種就成為主流。

台灣的氣候溫暖，稻作大多可以兩收。每年的農曆年後，大約立春的節氣前後，農民開始忙著插秧，過了三個多月，綠油油的稻田到處可以看到飽滿的稻穗，大概6月底前就可以全部收割完成。接下去的7、8月又開始忙著二期稻作的插秧，到年底又有稻穀可以收穫了。不過夏天到秋天是颱風侵台的旺盛季節，年底能否豐收完全要看老天爺的臉色；而春天的稻子若遇到梅雨不來的乾季，往往也會產量大減。無怪乎會有人說稻田是老天種的，農夫只是農田的管理者罷了。

近年來台灣的農村有了重大的改變，以往大量使用肥料、農藥的栽種方式逐漸受到質疑，而大眾也願意支持與購買安全的有機稻米或蔬果，於是許多人開始投入自然農法或有機栽培的行列，稻米也出現了許多訴求自然、健康、有機的品牌，如鴨間稻、禾家米、穀東俱樂部等。

2010年3月到台南後壁參觀台灣蘭花大展，順道到後壁老街一遊，碰巧因無米樂紀錄片而聲名大噪的崑濱伯剛好在店裡，趕忙跟他買了米，也閒話家常一下。回家後迫不及待將米洗好，放入電鍋煮飯，結果滿屋子都是睽違已久的米香，記得小時候媽媽煮飯就是這個味道。吃著香Q的白米飯，深深感激台灣的土地以及許許多多願意投入心血的農民。

6月的稻田到處可以看到飽滿的稻穗即將可以收割。

米飯的香味是每個人從小的共同記憶。

秋天是大地生養休息的季節，
日夜溫差的提醒，落葉樹開始回收葉片的養份，
還不忘留給大地最燦爛的紅葉之舞。
絡繹不絕的候鳥旅客已陸續抵達台灣，
賞鷹、賞黑面琵鷺、賞雁鴨，
是台灣秋冬一一登場的賞鳥盛事。

秋天的課堂～

豐收的季節。

The 100 Essentials of Nature Lessons
for Parents in Taiwan

牧氏攀蜥一身迷彩，讓牠可以隱身在山林之間。

Lesson 31

The 100 Essentials of Nature Lessons for Parents in Taiwan

秋天的課堂：豐收的季節。

繽紛而多樣的生命

艾氏樹蛙雖然不起眼，卻是台灣唯一會護卵的蛙類。

剛剛告別炎熱的夏天，秋天顯得怡人得多，氣溫一天天下降，空氣也格外乾爽，有時一陣風吹過，捲起片片落葉，提醒我們放慢腳步，欣賞秋天的景致，在此歡慶豐收的季節裡，特別適合思考大自然生命的恩典。

「生物的多樣性」在近十年來已經成為大家耳熟能詳的專有名詞，由於生態學家的大聲疾呼，大家對於地球生物圈的危機不再陌生，加上氣候暖化帶來的災害不斷，我們開始有了切身之痛，也從而理解穩定而健康的自然生態系是多麼重要的課題，這些問題將不再只是其它生物能否繼續生存而已，事實上也是全體人類最嚴苛的生存考驗。撇開那些讓人深感絕望的事實不說，其實生物多樣性真的是大自然的恩典，每一個小小的環境都有無數生命生活著，環環相扣，其精巧複雜的程度就連智商過人的設計師也無法完成。生物多樣性是健全生態系不可或缺的基礎，而擁有健全的生態系，我們的生活環境也才有乾淨的水、新鮮的空氣以及肥沃健康的土壤，每一樣都是我們生活的基本需求，沒有了這些生存前提，人類將無立錐之地。

從美學的觀點來說，各式各樣的生命構成了讓人驚豔不已的大自然，生命的型態、色彩、造型，無一不讓人折服，怎麼可能會有那樣大膽的配色？還有長相奇特的生物也不勝枚舉，每一樣都是人類心靈的沃土，許多傑出的建築師、藝術家作品都看得到自然滋養的結果。

繽紛而多樣的生命隨時都在你我身旁，飄落的樹葉，轉紅的落葉樹，樹上成群結對的鳥兒，樹幹上吸食汁液的昆蟲，到處竄走的蜥蜴，開花結果的植物，晚上登場的鳴蟲，還有暗夜樹林裡傳來的呼呼聲，每一天、每一晚，都有無數生命出沒，端視您是否在乎。如果只想做一個視而不見、聽而不聞的冷漠人類，您將不知自己錯失了多少精彩的生命劇碼。

百合花在山野間綻放，其姿態美不勝收。

黃山雀可愛的造型搭配搶眼色澤，是山林間的小精靈。

Lesson 32 自家採種

The 100 Essentials of Nature Lessons for Parents in Taiwan

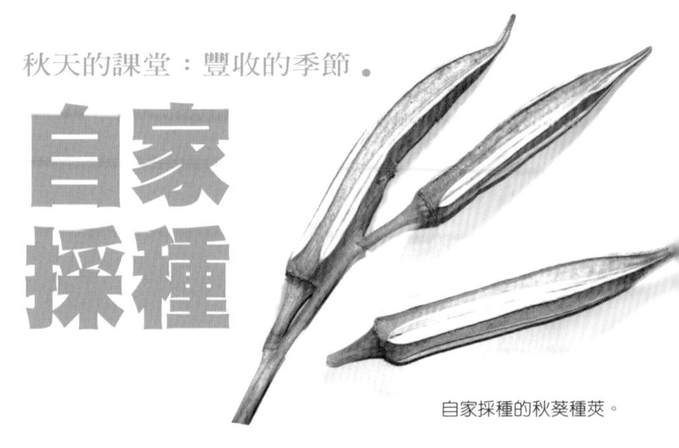
自家採種的秋葵種莢。

以前在大學裡唸的是園藝系，近三十年前的當時，農業科技方興未艾，老師授課全是外文教科書，囫圇吞棗了一堆F1雜交種的理論。如今物換星移，重新回顧那些年學習到的，只能說是科技萬能的樂觀主義產物罷了。

農業在商業生產的主導下，要以最便宜的生產成本、最高的產量，才能以合理的價位提供市場的需求，這是很簡單的道理，我們的農業生產體系也架構於此根基之上。為了購買種子、秧苗、肥料、農藥，農夫不得不多賺一些錢，而種苗公司提供的商業F1改良品種的種子，成為大量生產一致化產品的開端，長久下來，農人越來越依賴這些「改良」的種苗，於是許多以前原始的品種一一從我們餐桌上消失。

這樣的現況在全世界皆然，並非只有台灣才如此，但如今也逐漸出現許多改變的浪潮，例如追求自給自足的半農半X生活，以及MOA自然農法等，無不試圖尋求自然與農業的平衡點，而自家採種便是其中不可或缺的部份。

以往農家大多會在自家栽植的蔬菜，留下一些優異的個體不採收，等到自然開花結果之後，再採收種子留待下一次種植之用。過去自給自足的年代裡，其實我們的食物都有各地不同的本土品種，這些品種在長久篩選之下，也是最適應當地氣候、最沒有病蟲害的種類，而且小規模的栽培足以提供當地所需。如今幾十年下來，以往蔬菜的多樣性早已消失無蹤，只有少數堅持的農家會將珍貴的品種保留下來，例如日本十分熱門的電視節目「料理東西軍」裡的達人，常常看到許多蔬菜、水果、稻米，甚而雞隻等品種，都有類似的故事。

自家採種若以自給自足的目標為之，其實一點都不難，在這個過程中也可親眼目睹植物的完整生命歷程，像是夏天適合涼拌的秋葵，生性強健，昆蟲也不愛吃，整個夏天結果不斷，吃得過癮之餘，不妨留下一些果實讓它們成熟、乾燥，等到果皮捲起，就意味著裡面的種子成熟了，已經可以採收。如果多留一些果莢，也可做為很好的乾燥花素材，插在花器裡煞是美麗。

冬天火鍋不可少的茼蒿，栽植容易，不妨留下一部份不要採食，可以看到它們開出豔麗的黃色菊花，原來它也是馴化的菊科植物。這些有趣的生活知識，透過自家採種，可以大小朋友一起體驗，同時傳承屬於自己家庭的生活經驗。

商店販賣的種苗有可能是用種苗公司F1改良種子培育的。

自家採種的番茄也許不夠香甜，但卻保留了自然原味。

茼蒿栽植容易，不妨留下一部份不要採食，可以看到它們開出豔麗的黃色菊花。

Lesson 33

The 100 Essentials of Nature Lessons for Parents in Taiwan

秋天的課堂：豐收的季節。

吃出季節的美味

幸福的現代人，琳瑯滿目的食材在超市的貨架上擺得滿滿的，有些還遠渡重洋，坐飛機、輪船來到台灣，蔬果處理儲存技術的進步，讓這些採收已久的食材看起來一樣新鮮。

全球化的貿易以及便利生活的追求，讓我們想吃日本的蘋果、紐西蘭的奇異果、美國的杏桃，變得一點都不困難，其實真正難的是吃一口真正當季的食物，吃出季節的美味。

世界著名的保育學者珍古德博士近年來倡導用飲食找回綠色的地球，鼓勵大家以最簡單的方法翻轉現況，吃在地當季的食物，直接到農夫市場購買，鼓吹在地的小農栽培。如今這股風潮已在全世界蔚為風潮，連一向浪費食材、只愛速食的美國人也開始改變了，各地農夫市場供給人們日常需要的食材，不僅價格實惠，也可提供有機、健康、安全的蔬果。

想要吃出季節的美味，自然以當天現採現吃的蔬果為首選，但除非自己擁有菜園，否則很難做到這一點。不妨退而求其次，勤快一點到傳統市場或週末的農夫市集，總有自家栽種的食材可供選擇，它們不僅新鮮，而且少了運輸的長途跋涉，自然滋味也更好。

台灣寶島每一季都有吃不完的當令蔬果，比起溫帶國家，我們的選擇性多了許多。從春天的韭菜香開始，接著4月的桂竹筍，梅雨季以後的綠竹筍，到炎熱夏季的空心菜、皇宮菜、龍鬚菜、川七、秋葵以及清涼退火的冬瓜、絲瓜、瓢瓜等各式瓜果，秋涼季節香噴噴的地瓜、南瓜、芋頭、花生接續上市，即使是寒冬也有高麗菜、大白菜、茼蒿、芥菜等不勝枚舉的葉菜可供選擇。

季節美味不在於珍稀的食材，而是對當地生態的疼惜之心，只有當季、在地的菜可供選擇。新鮮食材，才能吃出美好食物的真滋味。

不經長途運輸，現採的蔬菜就是最棒的當季蔬菜。

不用進口，初春的本地產草莓是美味的當季水果。

秋季的南瓜，是許多人的最愛食物。

Lesson

34

The 100 Essentials of Nature Lessons for Parents in Taiwan

秋天的課堂：豐收的季節。

領受生命莫大恩典

老一輩的台灣人常愛說：「吃飯皇帝大」，連彼此見面的問候語也愛說：「吃飯沒？」，由此可知「吃飯」這件事茲事體大，是需要慎重以對的。不過現代人生活忙碌，許多家庭根本很少好好坐下來吃頓飯，大人忙上班，小孩忙上課，三餐都在外面解決，大家逐漸成為「老外」一族的外食人口。這樣的都會生活型態，讓以往家庭生活重心的餐廳與廚房逐漸變得不重要了，家人圍坐一桌開心吃飯聊天的畫面也越來越少見。

其實飲食是每天不可或缺的重要活動，也是家庭維繫感情的重心所在，此外更重要的還有透過吃飯傳遞對待食物的態度。人類必須進食才能生存，為了讓我們活下去，許許多多生物奉獻了生命，不論是素食或葷食，我們每一次進食都是領受無數生命莫大的恩典，怎能不心存感激？

農人在田裡種稻、種菜、養雞，過程中為了收穫食物，許多小生命不得不被犧牲，像是田裡的小蟲、溝渠裡的小魚蝦等。這一切宛如自然界食物鏈、食物網的縮影，站在消費者金字塔頂端的我們，每一口食物都是許多生命餵養而來的。

日本人吃飯前總會說一句話，以前不懂這句話的含意，看了黎旭瀛醫師的文章才得知其深意。原來那是對這些奉獻生命讓我們活下來的無數生命說：「我領受您的生命了！」，一句感謝語道盡面對大地恩賜的謙卑。

現在有人提倡每星期一天吃素救地球，其實不論素食或葷食，都是個人的選擇，少吃肉確實是低耗能的選項。但我覺得更重要的是珍惜食物，懷抱感恩之心，特別是現在生活不虞匱乏的孩子，更應讓他們建立正確的日常飲食觀。

不一定要調味料陪襯，簡單川燙更能嚐出小管的原味。

用非基因改良黃豆磨製的豆漿香醇濃郁。

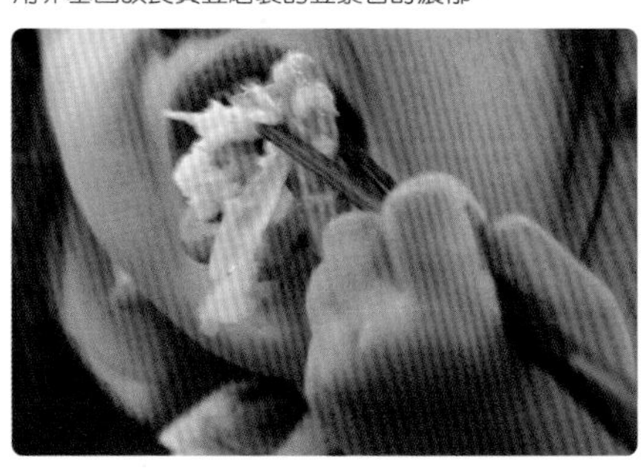

用心感受食物的美味，也是對生命的尊重。

適量飲食，不浪費食物，才是正確的飲食觀念。

Lesson

35

The 100 Essentials of Nature Lessons for Parents in Taiwan

秋天的課堂：豐收的季節。

別讓放生變殺生

鸚鵡若無力飼養而隨處放生，
將造成生態危機。
台北植物園附近曾經有
兩隻流浪的葵花鸚鵡出沒，
到處啃咬覓食，
造成樹木嚴重損傷。

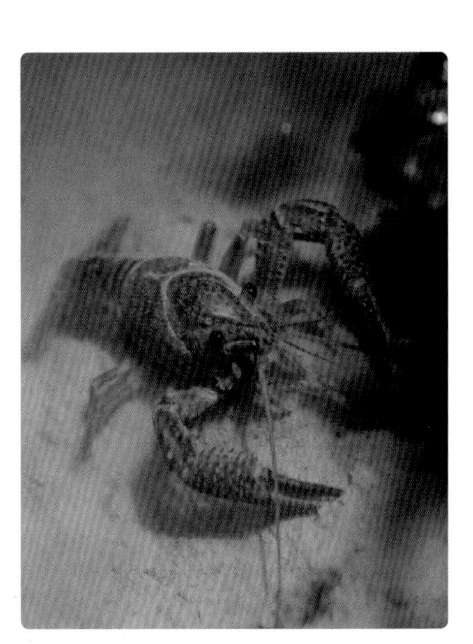

美國螯蝦常被放生到公園的水池之中造成生態危機。

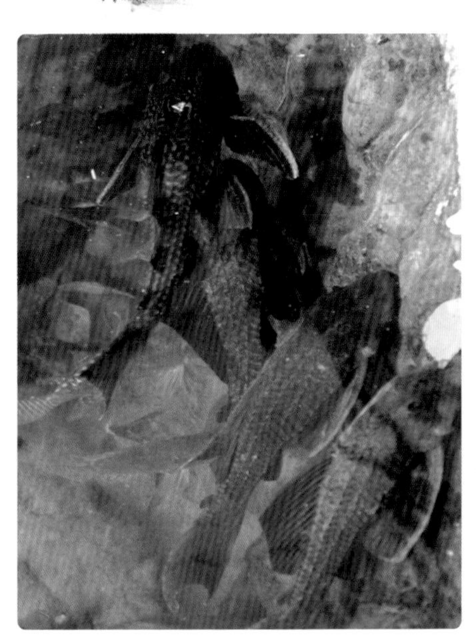

超過二十公分的琵琶魚在荷花池裡出現，十分驚人。

台灣生態的問題不少，大多與長久追求經濟發展有關，包括森林、棲地的破壞等，但其中有一特殊的生態問題卻是與宗教信仰有關，而且一直未能改善或解決。「放生」原本是放棄殺生的慈悲行為，如今大規模的商業化放生衍生出許多嚴重的生態問題，是值得好好深思與面對的。

台灣屬於高敏感且脆弱的島嶼生態系，其中特有種的比例高達四分之一至三分之一，任何外來種的入侵都可能帶來毀滅性的嚴重後果，包括與原生生物種類的競爭、排擠、捕食或雜交，都會改變原有的生態平衡，並進而危及台灣原生物種的生存。例如牛蛙入侵台灣蛙類的生活環境，已使台北樹蛙、貢德氏赤蛙等原生蛙類大幅減少。

多年來宗教團體喜歡放生的種類以魚類和鳥類居多，其中鳥類以斑鳩、麻雀、白頭翁、綠繡眼等最為常見，魚則以淡水養殖魚、海魚、泥鰍、鱔魚等為主，但也不乏指定特殊的種類，如畫眉鳥等，更造成走私動物的衍生問題。根據估計，一般從野外捕捉可以成功存活且送至動物園飼養的比例大概只有20%至30%，其中鳥類的存活率一般更低。以此推估一次「放生」釋出的動物，背後隱藏的死亡數字是多麼驚人。

除了捕捉的問題之外，放生活動一般缺乏動物知識與對生態環境的瞭解，進而導致動物大量死亡，同時也會造成環境衝擊。同時因為放生的需求常常包含一些非台灣原生的物種，也使得放生活動成為走私外來種動物的重要源頭之一。原本出於善意的放生活動，卻導致更多寶貴生命的喪失，應是任何佛教徒都不樂見的，如果真要救生救苦，不妨多多贊助保育運動，保護棲地與生活其中的無數生物應是更大的功德。

除了宗教的放生問題之外，台灣寵物動物也常以「放生」為由而遭棄養，往往造成嚴重的生態災害，例如巴西烏龜、鱷龜、黃金鼠、牛蛙、琵琶鼠魚、血鸚鵡、孔雀魚、美國螯蝦、爪哇八哥與鸚鵡等寵物都是外來種，這些大受歡迎的外來種都是競爭能力強、存活率高、抗病力強、成長速率快、對食物選擇較低的物種，一旦棄置野外，將造成嚴重的生態衝擊。照顧寵物必須有始有終，不能以毫無責任感的「放生」當藉口而隨意棄養。

買了又放，放了又捉，是真的在做放生功德嗎？

飼養寵物得從一而終，別以放生為藉口而棄養。

好似畫著眼線的花嘴鴨也是冬日十分常見的雁鴨。

Lesson 36

The 100 Essentials of Nature Lessons for Parents in Taiwan

秋天的課堂：豐收的季節。

秋天雁鴨水鳥季

台灣的地理位置特殊，位於歐亞大陸的東側，又是東亞島弧的中樞，因此候鳥南來北往一定會經過台灣，每年有數以百萬計的候鳥到此歇息或度過冬天與夏天。

台灣從北至南的海岸與河口濕地，是候鳥的度假中心，豐沛的食物來源與安全的庇護環境，讓遠道而來的候鳥得以歇息。每年9月一直到隔年的4月正是欣賞這些嬌客的好時機，其中尤以雁鴨的水鳥最有看頭，不僅數量多，而且白天多半在河面上載浮載沉，只要定點以單筒望遠鏡觀察，就可以看個過癮。

台北的關渡自然公園於每年10月會應景地舉辦「雁鴨水鳥季」，鳥會義工熱心解說，而且架設許多單筒望遠鏡，讓許多第一次賞鳥的人驚呼不已。原來河面上的黑色點點是一隻隻水鴨，有的縮著脖子熟睡中，有的忙著整理羽毛，還不時進食一下，漂亮的羽色在水波蕩漾下更顯出色。透過望遠鏡才能逐一分辨不同的水鴨，不過雁鴨水鳥的辨識真是不容易，一旦學成之後，賞鳥功力馬上大增，可以進階挑戰其它的鳥類。

除了關渡自然公園之外，其實還有許多地方可以欣賞雁鴨，一般狀況良好的河口濕地都不難找到雁鴨的蹤影。例如台北就有一個世界少有的都市濕地—華江橋雁鴨公園，早年棲息於此的雁鴨數量極為驚人，但因泥灘的陸化導致食物不足，如今每年冬天大概只有幾千隻而已。不過大台北生活圈裡很容易就可看到雁鴨漫天飛舞，應該也算是難能可貴的幸福吧！

此外，北海岸的清水濕地、田寮洋濕地，宜蘭的塭底濕地、下埔濕地、五十二甲與無尾港，中部的高美濕地或是嘉義的鰲鼓濕地、台南曾文溪口以及高雄的濕地公園等，秋冬季鳥況都很不錯，值得一遊。

頭部的過眼線與嘴喙的黃色斑點是辨認花嘴鴨的最大特徵。

鳳頭潛鴨也是來台度冬雁鴨族群相當龐大的一種。

琵嘴鴨模樣特殊，十分容易在鳥群中辨認。

小水鴨是北部雁鴨公園每年必到的常客。

Lesson 37

The 100 Essentials of Nature Lessons for Parents in Taiwan

秋天的課堂：豐收的季節。

跟著飛鳥去旅行

灰鶺鴒是常見的冬候鳥，也常出現在都會區。

只要一個望遠鏡和一本圖鑑
就能開始賞鳥旅行了！

生活在台灣的人何其幸運，大小適中的島嶼有豐富的生態系，除了四周的海洋之外，從平地、低海拔、中海拔一直到高山地帶，各式各樣的植物生態系蘊育了豐富的生物群相，加上氣候溫暖宜人，農業生產發達，我們擁有的優異自然條件確實足以傲視全球。

以賞鳥而言，獨步全球的世界性景觀就有9月到10月的墾丁賞鷹季，以及9月至隔年4月台南曾文溪口的黑面琵鷺，而以鳥種的數目來說，目前台灣正式紀錄有533種鳥類，佔全世界鳥種的18分之一，若除以單位面積，則台灣的鳥種密度高居世界第二，堪稱是環境條件十分優異的野鳥王國。

生活在台灣，每一季都有鳥可賞，而且無須遠行，在都會公園、郊區山邊、海岸河口，都能欣賞到多采多姿的鳥類生態。如果還想一賞中高海拔的山鳥風采，許多森林遊樂區都是很好的選擇，山鳥不僅美麗，唱起歌來更是婉轉動聽，與賞水鳥是截然不同的自然體驗。

春天是鳥類育雛的季節，都會區就有賞不完的家燕與留鳥等，夏天都會鳥況乏善可陳，不妨安排離島賞鳥行，澎湖賞燕鷗是首選推薦。時令進入秋冬，熱愛賞鳥的人簡直分身乏術，從海岸、河口、濕地一直到中低海拔山區都有可觀之處，特別是火刺木、山桐子正值結果期，這些大自然的野鳥餐廳是山鳥度過秋冬的重要食物來源，只要找到結實累累的誘鳥樹木，守候附近，一定會有豐碩的賞鳥收穫。

跟著飛鳥去旅行，每一季、每一年都有說不完的新鮮故事，還有聽不完的好聽歌曲，讓我們帶著望遠鏡看鳥去，這樣才不致辜負大自然給予我們的豐富鳥類相。

高蹺鴴這種長腿的水鳥在秋天會成群飛抵台灣度冬。

金翼白眉是高海拔山區最常見的鳥種代表。

溪流旁常可以見到鉛色水鶇的身影。

在都會區公園就能觀察到鳳頭蒼鷹這種猛禽。

Lesson 38

The 100 Essentials of Nature Lessons for Parents in Taiwan

秋天的課堂：豐收的季節。

夜鷺與翠鳥

雌翠鳥的下嘴基為紅色，酷似女孩畫了口紅，雄鳥則沒有，非常好辨識。

台灣地小人稠，龐大的人口壓力迫使許多生物的生存空間不斷遭到壓縮，除了都會空間之外，近郊的低海拔山林也一一開發成別墅住宅，許多山林逐漸破碎，殘餘的生物好像生活在一座座綠色孤島裡，偶爾越界闖入人們的生活空間，還會激起不小的漣漪。

不過生物的生存韌性往往是出人意表的，有些「識時務者為俊傑」的生物找到可利用的空間或資源，反而安然地在人們周遭生活下來。例如生活於水邊的夜鷺和翠鳥，就是其中兩個鮮明的例子。

夜鷺一般生活於河口地帶的紅樹林、竹林及木麻黃防風林裡，碩大的眼睛是鷺科鳥類裡少見的，方便牠們在光線不佳的清晨與黃昏活動覓食，所以台灣一般習慣稱呼牠們為「暗光鳥」。夜鷺在白天時多半縮起脖子、單足佇立於樹上休憩，每當清晨與黃昏獵食時，多半在流速平緩的溪流淺水區靜靜站立著，或是慢步緩行，等待獵物接近，再以尖銳的喙捕捉水裡的小魚、蛙或昆蟲，基本上夜鷺是機會主義者，捉得到的小動物都來者不拒。

如今許多都會公園的水池邊都找得到夜鷺的蹤影，不過大多形單影隻，可能是無意間發現人工水池的競爭者少，不必與其它鷺科鳥類爭奪好的覓食地點，而且水池的魚也不像溪流小魚那般警覺，是容易到手的獵物。像台北的大安森林公園、植物園，都有夜鷺在此安居樂業。

俗稱釣魚翁的翠鳥也是另一奇特的例子，牠們一般喜歡清澈且流速和緩的水域，覓食時多半佇立於岸邊的岩石、枝條上，目不轉睛地注視著游動的小魚，一旦有機可乘，就像個快速砲彈般疾射入水，捕捉到小魚就飛回原來的棲枝，然後左右拍打讓魚昏厥，再將魚頭轉向內整條吞食。如果看到翠鳥啣著小魚卻不吞食，很可能是正值繁殖期的翠鳥，嘴裡的小魚是準備拿來餵養幼鳥的。

原本只能在溪澗、河川、池塘等環境才看得到的翠鳥，如今植物園的水池邊也穩定存在，矯健的身手宛如一顆閃閃發亮的藍寶石，吸引著人們的目光。不過這些出現在都會公園的翠鳥多半是為了食物而來，牠們繁殖下一代還是需要挖洞產卵，而台灣的河川整治工程常將原本的自然土堤改成混凝土堤防或水泥護岸，對翠鳥的生存造成莫大的威脅。

夜鷺捕魚的場景每天都在公園裡上演，可以就近觀察。

夜鷺在公園的水池中站成一排，等待獵物自己送上門。

環頸雉是棲息於低海拔的雉雞，花東地區的開闊墾地很常見到牠的身影。

Lesson 39

The 100 Essentials of Nature Lessons for Parents in Taiwan

秋天的課堂：豐收的季節。

漫步山林的雉雞

台灣的雉科鳥類在世界上可是鼎鼎有名的，例如只生活在台灣的特有種藍腹鷴、黑長尾雉(帝雉)，雄鳥豔麗絕倫的羽色讓二十世紀初發現的西方自然學者驚為天人。時至今日，台灣不遺餘力地保育鳥類，讓藍腹鷴與黑長尾雉的數量確實大為增加，野外目擊牠們的機率也不小，不過森林棲地的保育還是不能掉以輕心，唯有保留大面積的原始森林，才能讓牠們繼續生存下去。

黑長尾雉生活於海拔較高的高山地帶，大多於針葉林或針闊葉混合林的底層活動，雄鳥與雌鳥的體色差異極大，在繁殖季節時雄鳥會展示其華麗的羽色，並且對雌鳥大獻殷勤，反覆跳著繁複的求偶舞蹈，以爭取雌鳥的青睞。優勢的雄鳥會有三妻四妾，形成一雄多雌的繁殖族群。

同樣一身豔麗羽毛的藍腹鷴也與黑長尾雉有著類似的繁殖習性，不過牠們生活於中海拔的闊葉林內，更容易與人們不期而遇。多年前曾從桃園上巴陵縱走至台北烏來福山，就在清晨五點多於達觀森林遊樂區的林道上與藍腹鷴碰個正著，原本緩步輕移的雄鳥，發現我們之後，馬上展翅飛向下方的縱谷，優雅的姿態與閃耀的藍色身影，大大震撼了我們，原來藍腹鷴才是這座森林的王者。

藍腹鷴與黑長尾雉都是由雌鳥負責孵卵與照顧幼雛，雄鳥只需巡視領域，驅趕入侵的雄鳥，並保護家眷的安全即可。覓食時多半成群結對走在林下，以嘴喙啄食地面的新葉、幼芽、花或漿果、種子等，也會用腳爪扒開落葉與腐植土，啄食裡面的小蟲或蚯蚓等。不過一旦繁殖季結束，幼鳥可獨力生活之後，牠們就會各分東西單獨生活，直到隔年下一個繁殖季開始。

台灣最為常見的雉雞是生活於低海拔的竹雞，天性機警且害羞，不容易看到牠們，不過聲音倒是響亮無比，常常動不動就聽到牠們高亢的「雞狗乖—雞狗乖—」的連續叫聲，是許多人都熟悉的聲音。有時帶狗散步時會與竹雞不期而遇，如果距離很遠，牠們通常只是快步走入草叢，如果過於靠近，就會看到竹雞急迫地飛躍跳離，還一邊鳴叫，真是像成語形容的「雞飛狗跳」，只是狗狗永遠追不上竹雞，還常搞得一頭霧水，但狗狗還是樂此不疲。

藍腹鷴一身亮藍色的羽毛，非常讓人驚艷。

黑長尾雉的雄體色差異很大，棲息於較高海拔的山林。

竹雞生性害羞，常只能聞雞啼，無法見其蹤。

Lesson

40

The 100 Essentials
of Nature Lessons for
Parents in Taiwan

秋天的課堂：豐收的季節。

收藏葉片

葉片是樹木的名片，對於從事植物分類的學者而言，採集葉片標本是必要的工作之一，葉片也是辨識植物的重要基礎。不過對一般人來說，收藏葉片的原因顯得浪漫的多，純粹愛上的是葉片的美麗外形，或是燦爛的色彩，想要將剎那的感動永恆保存下來。

收藏葉片的方法很多，最簡單的莫過於拾起落葉，稍加整理一下，夾入隨身攜帶的書本或筆記，過一陣子打開書本，就是一片可以永久保存的乾燥葉片。以前唸書時經常隨手拾取自己喜愛的葉片，幾乎每一本課本都少不了葉片的點綴，也常常將它們遺忘在書裡，直到某年某月打開書本，掉出乾枯的葉子，才又回想起當時的心情，為生活平添許多意想不到的樂趣。

此外，葉子拓印也是一種「懶人的自然紀錄」，只要準備葉片、顏料、紙張或麻布、棉布等自然素材的布料即可，不過想要拓出漂亮的葉拓，首要就是選擇葉脈突出的葉子，然後完成構圖，再將顏料均勻塗抹於葉片上，覆上被印物再適度用手推壓，即可完成美麗葉拓。其實葉片也可成為美術創作的好素材，自然DIY達人黃一峰以「拼貼一張自然的臉」在各地開課與學生分享，有趣的是每一個人拼貼出來的臉與自己都十分神似，各式各樣的葉子成了頭髮、嘴唇或眼睛。這些創意十足的作品印證的是每個人潛意識裡的自我長相，也讓許多人有重新認識自己的機會，實在非常值得推薦給中小學的美勞課程。

不過創作時要選用乾燥的葉片，因為新鮮葉片保存不易，一旦乾枯、捲曲、變形，完成的作品就會跟著毀損，如果想要長久保存，還是要先將葉片做陰乾的處理，雖然色澤不如新鮮的好看，卻可成為永久的作品。

用樹葉做拓印，是每個人都能做的創作。

葉子隨處都可以取得，只要花點心思，都能玩出不同的葉子遊戲。

Lesson 41

The 100 Essentials of Nature Lessons for Parents in Taiwan

秋天的課堂：豐收的季節。

結實纍纍的季節

稜果榕一年四季都能結果，成了許多生物的補給站。

台灣欒樹的粉紅果實是秋天的代表性景致。

秋天是收穫的季節，節節下降的氣溫提醒許多生物預做準備，像是落葉樹木在寒冬來臨之前，得先將葉片在夏天進行旺盛光合作用的產物儲存起來，以備漫漫冬天之用，於是回收養份的過程造就了我們最喜愛的秋天盛景，滿山紅葉、黃葉的燦爛景致是落葉樹木休假前的最後演出。

除了葉片的變化之外，果實也是許多生物不可或缺的食物來源，不多儲藏一些怎麼度過食物短缺的冬天？其中台灣闊葉原始林的殼斗科樹木扮演很重要的角色，而各式各樣的殼斗科果實更是搶手的食物，松鼠、鼠類忙著進食、搬運、儲藏，但也常常把它們遺忘在森林的某處，於是無形間幫了殼斗科植物的大忙，讓它們下一代可以開拓領域。不過對我們而言，殼斗科果實的外形十分吸引人，許多動畫作品都會出現它們造型可愛的果實。每一顆堅硬果實戴著一頂小小呢帽，不僅有各種造型，就連顏色也很多變。秋天走在森林裡撿拾果實，是這個季節專屬的生活樂趣。

春天開滿燦爛紫花的苦楝，到了秋天的落葉季節，除了滿樹黃葉之外，一顆顆黃澄澄的果實是野鳥的最愛，也是入冬之前的最後盛宴，野鳥不忘多吃一些，於是苦楝便成為秋天賞樹、賞鳥的主角之一。而低海拔地區常見的喬木稜果榕，一年四季都能結果，成了許多生物的補給站。

台灣欒樹的果實是秋天的代表性景致，特別是剛從花朵結成紅褐色的果實，滿樹燦爛，還讓不少人誤以為是開花的盛景。欒樹的果實造型奇特，氣囊狀的蒴果掛滿樹頂，風一吹過會發出沙沙的聲音，果實的壽命很長，可以一直從秋天延續到冬天結束前，別忘了挑個好天氣，走在欒樹下，好好聆聽一下它們吹奏的秋冬之歌。

殼斗科果實造型可愛，每個果實都戴著一頂小小呢帽。

秋天是松鼠儲存殼斗科果實準備度冬的忙碌季節。

樹下發現成堆的殼斗科果實，應該是松鼠儲存的食物。

Lesson

42

The 100 Essentials of Nature Lessons for Parents in Taiwan

秋天的課堂：豐收的季節。

樹木的思考

大自然是沒有所謂的「垃圾」等廢棄物的問題，一個健全的生態系包羅萬象，有生產者、消費者，也有分解者等清道夫的角色，任何生物的生生死死都同時滋養了其它的生命，讓整個生態系生生不息。

就拿我們最為熟悉的山櫻花來說，春天滿樹桃紅的櫻花引來了綠繡眼、白頭翁等野鳥，大方提供甜美的花蜜，養活了無數鳥類與昆蟲，而山櫻也藉由這些生物的幫忙，順利傳粉、授粉與結果。結滿果實的山櫻是野鳥最好的自助餐廳，即使鳥兒不斷地進食，還是有許多成熟的小櫻果落滿地，有的有機會萌芽，長成小樹苗，但大多果實則腐化分解成養份，滋養土壤或土裡的微生物等。有些果子被鳥類取食之後，種子隨著鳥的排泄物而落地生根，雖然發芽的機率和滿樹的果實相較之下並不高，但是整個過程卻餵養了無數生命。對山櫻而言，它的養份來自綠葉的光合作用與大自然的雨水，開出滿樹的花朵與果實，但它從未耗損周遭環境資源，相反地還大方回饋生態系，讓其它生命可以繁衍滋生。這就是所謂的「樹木的思考」，也是樹木生態系的運作模式。

原生於馬來西亞、蘇門答臘以及婆羅洲雨林的龍腦香（Kapur, *Dryobalanops aromatica*），是雨林的優勢樹種，大樹常可長到60公尺高，它們有一奇特的習性，即所謂的「害羞的樹冠」(crown shyness)，就像是同性相斥的磁鐵般，只要碰到同一種的樹木，它們的樹冠從來不會重疊，枝條上的葉片都壁壘分明，不同樹冠之間也形成清楚的「楚河漢界」分界線，從樹下仰望這些高聳林立的龍腦香，好像有一無形的手讓它們永生不得碰觸，即使隨風搖擺，也不曾相互接觸。其實這個有趣的現象應該是與雨林的激烈競爭有關，許多樹木必須在有限的空間內競爭陽光與水份，龍腦香的特殊樹冠習性，可以讓它們避免遮蔽了同類樹木所需的陽光，才能共構出龍腦香繁生的熱帶雨林。

樹木的生存智慧是與其它生命共生共榮，同時也讓自己的族群獲利，讓生態系生生不息，我們人類卻多半以掠奪的方式強佔領域，耗損資源，或許我們也該試著以樹木的思考重新出發，尋覓更為理想的生存方式。

小小山櫻花果實卻蘊藏了大大的生命策略。

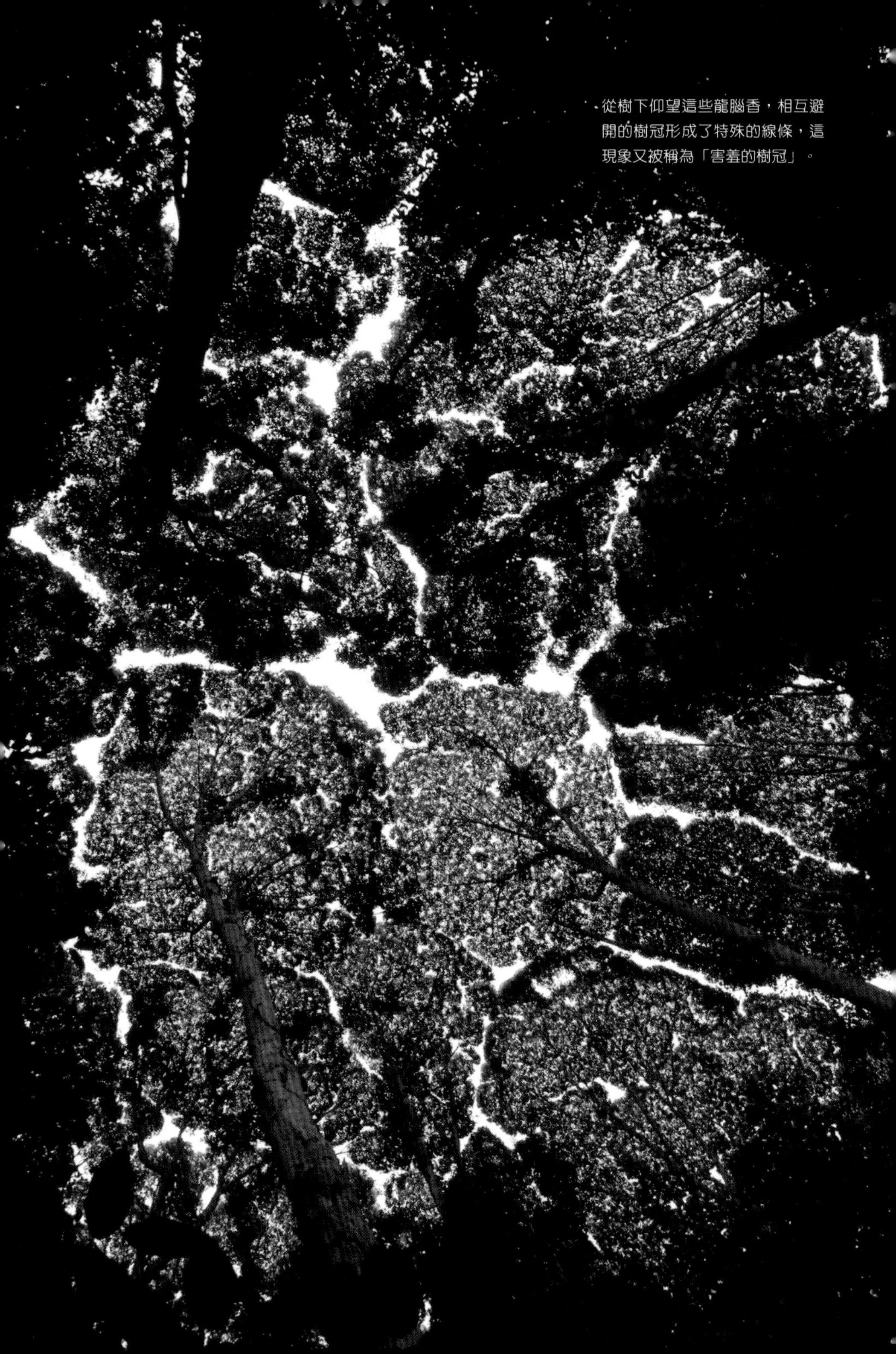

從樹下仰望這些龍腦香，相互避開的樹冠形成了特殊的線條，這現象又被稱為「害羞的樹冠」。

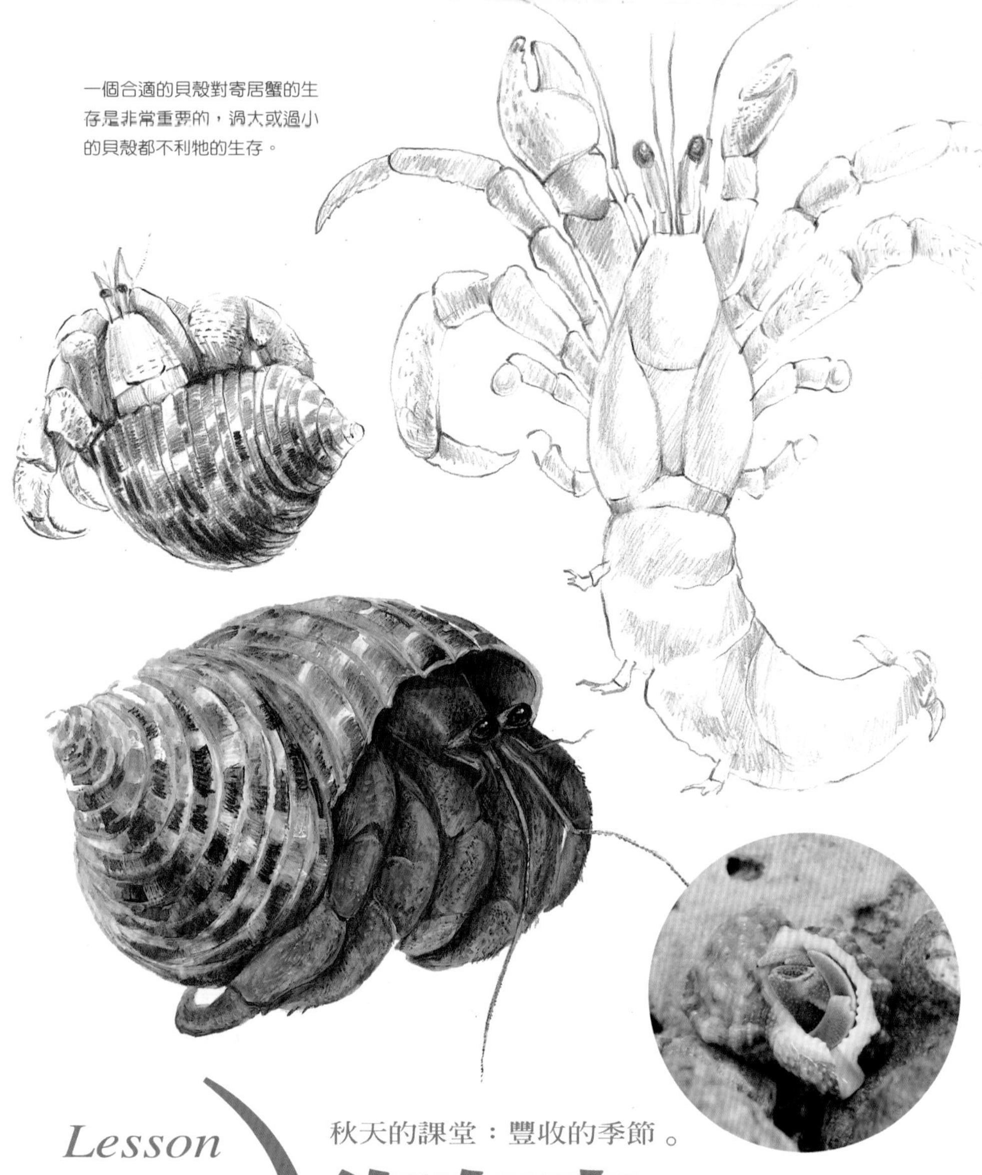

一個合適的貝殼對寄居蟹的生存是非常重要的，過大或過小的貝殼都不利牠的生存。

寄居蟹遇到危險時會將自己藏進貝殼中。

Lesson 43

The 100 Essentials of Nature Lessons for Parents in Taiwan

秋天的課堂：豐收的季節。

沒有家的寄居蟹

大家常以「無殼蝸牛」或「寄居蟹」之名來抗議現今的高房價，讓許多人終其一生也買不起房子。其實自然界裡的寄居蟹一樣面臨無殼可居的窘境，而且這樣的生存困境大多是因我們而起的。

台灣約有60種寄居蟹，除了4種是生活於陸地上的陸寄居蟹，其它大多種類均生活於大海或潮間帶，其中以珊瑚礁的潮間帶最容易發現寄居蟹的蹤影，特別是一個個潮池裡，多有小小寄居蟹生活其中，非常值得觀察。

寄居蟹與螃蟹大不相同，缺乏甲殼保護的牠們必須寄居在空的貝殼裡，同時隨著身體成長而不斷更新貝殼。為了方便居住於貝殼內，牠們的尾部是歪的，同時還有尾板的構造，讓牠們可以勾住貝殼的螺紋，如此才可以住得既安穩又舒適。遇到敵人來襲時，牠們只要縮進貝殼裡，同時用大螯擋住洞口，任是強敵也莫可奈何。

生活在海裡的寄居蟹常會揹著海葵，牠們共生互利的關係是大家耳熟能詳的生物教科書教材，寄居蟹揹海葵的目的是為了保護自己，海葵身上有刺細胞，寄居蟹的移動有利於海葵捕食水中獵物，而海葵則可幫忙寄居蟹防禦敵人。寄居蟹最害怕像是八爪章魚等掠食動物的攻擊，章魚會用靈活的八隻腳將寄居蟹緊緊包覆著，然後將牠們從殼內拖出捕食之。有了海葵的保護，章魚再靈活也沒用，海葵的刺細胞會把章魚螫的落荒而逃。

生活在海岸林裡的陸寄居蟹是重要的生態系清道夫，同時也肩負為海濱植物傳播種子的重責大任。

但是大家漫不經心的態度讓寄居蟹的生存受到威脅。毫無節制的海產需求，把海裡的貝類一掃而光，沙灘上的貝殼我們把它帶回家當紀念品，讓寄居蟹成了「無殼蝸牛」。還有兜售野生寄居蟹的商業行為更是雪上加霜，因為寄居蟹是無法人工繁殖的。

但這些危機對於寄居蟹的威脅，還是遠小於各種工程對海岸線棲息地的破壞，海岸線的改變，讓原本有貝殼堆積的沙灘消失了，這些人為的因素讓許多陸寄居蟹根本找不到適合的貝殼，來做為牠們的家，於是出現了許多住在塑膠瓶蓋或各式瓶罐的寄居蟹，是相當嚴重的生態問題。

一個合適的貝殼對寄居蟹的生存是非常重要的，除了保護身體之外，還能夠避免被捕食者獵食，爬行時也可以保護柔軟的腹部，同時避免受到溫度變化、缺水或鹽度變化的影響，此外對於雌寄居蟹的卵團也有保護作用。

希望「讓寄居蟹有個家」不只是個民間運動的口號，政府和有關單位在做國土規劃的時候，對於我們的海岸線手下留情，謹慎思考海岸開發的問題，還給寄居蟹和廣大的海洋生物們一個安全的家園吧！

找不到貝殼的寄居蟹只好轉用瓶蓋當成自己的家。

這隻寄居蟹身體裸露在外頭，沒有貝殼保護充滿了危機。

健康的海岸邊可以見到大小不同的寄居蟹到處遊走。

體型較大的陸棲寄居蟹除了找不到家的危機外，還要面臨人類捕捉的壓力。

Lesson 44

The 100 Essentials of Nature Lessons for Parents in Taiwan

秋天的課堂：豐收的季節。

瓶瓶罐罐的鳴蟲音樂會

秋天是欣賞鳴蟲的季節，天氣涼爽之後，許多鳴蟲的活動力也變好了，趁著冬天來臨前，把握最後尋找伴侶的機會，於是沁涼如水的秋夜成了大自然的弦樂獨奏會，非常值得聆聽欣賞。

其中日本鐘蟋(鈴蟲)是我的最愛，清脆的風鈴聲讓人百聽不厭，每每在夜晚帶狗散步時，聽到草叢或灌木裡傳來的鈴鐺聲，就知道秋天到了，雖然一直看不到牠們的廬山真面目，但也像熟識的老朋友般伴我度過許多秋天的夜晚。

直到幾年前認識了鳴蟲達人許育銜，和他合作出版了兩本鳴蟲的書，蒙他贈送幾盒飼養的鈴蟲，讓我更進一步領會鳴蟲的樂趣。在他的巧手佈置下，昆蟲飼養箱成了自然的小天地，裡面綠意盎然，小小室內植物成了鈴蟲躲藏的庇護所，還有石塊與木頭，搭配裝水及食物的小瓷盤，小小天地讓人百看不厭。最好的是每到夜裡熟悉的鈴聲傳到耳中，原本只能在戶外欣賞的自然弦樂，如今成了伴眠的樂曲。和我同居一室的貓咪莎莎最愛鈴蟲，總是坐在飼養箱前仔細聆聽，成為夜行性的她最好的伴侶。

現代的居家空間，大家都喜愛用綠色植物佈置，接近自然的渴望表露無遺，如果利用透明的容器或是瓶瓶罐罐，發揮一些巧思，佈置成鳴蟲的家園，除了可以欣賞美麗的綠色世界之外，每當鳴蟲響起悠悠鳴聲，那種渾然天成的自然聲音，會帶給我們最大的滿足。

日本人一直都有飼養鈴蟲、欣賞鈴蟲鳴聲的傳統，他們甚至還認為如果秋天不曾聆聽鈴蟲的聲音，代表虛度了這一年。鳴蟲依循著自然的腳步，年年鳴叫，代代相傳，只是微弱鳴聲大多被電視、音響、電腦等聲音淹沒了，讓我們年年虛度光陰。

Lesson

45

The 100 Essentials of Nature Lessons for Parents in Taiwan

秋天的課堂：豐收的季節。

紙鈔上的台灣動物

許多國家的紙鈔多半以具有代表性的元首或國王肖像為主要圖樣，但到南非旅遊時則發現他們的紙鈔是以「非洲五霸」為圖樣，即非洲最具代表性的五種大型哺乳動物──大象、犀牛、非洲水牛、花豹及獅子，讓南非的紙鈔不僅美麗，又極富非洲風情，於是我把每種幣值的紙鈔都各保留一張以茲紀念。

反觀台灣的新台幣，新版的紙鈔確實少了許多政治意涵，但台灣的動物仍被擺在不顯眼的背面，恐怕許多人也不曾特別留意過。其實紙鈔的流通量極大，又與每個人的生活息息相關，是傳遞訊息的好媒介，因此特別介紹這三種出現在新台幣紙鈔上的台灣動物。

500元紙鈔的背面是梅花鹿，台灣的梅花鹿野生族群已在1969年完全絕跡，目前只有墾丁國家公園裡的社頂以及綠島有復育及野放的梅花鹿群。梅花鹿過去多半生活於台灣西部的平原或低海拔的丘陵地帶，有水源且可藏身的樹林是牠們最理想的棲息環境。然而隨著台灣西部快速的開發腳步，梅花鹿的棲息地一片片消失，終至毫無立足之地。

1000元紙鈔的背面是台灣特有的黑長尾雉，以前稱為帝雉。黑長尾雉的發現讓台灣的鳥類登上世界舞台，但豔麗絕倫、數量稀少的黑長尾雉還一度列入第一級瀕臨絕種的保育動物，經過二十餘年的保育努力以及玉山、雪霸等高山的國家公園成立，讓牠們的棲息地得以完善保留，目前數量稍有回昇，但仍屬第二級的珍貴稀有保育動物。

2000元紙鈔的使用頻率很低，大概也很少人會注意到背面的櫻花鉤吻鮭。櫻花鉤吻鮭是非常珍貴的冰河時期孑遺生物，被封為台灣的「國寶魚」，也是第一級瀕臨絕種的保育魚類。櫻花鉤吻鮭在台灣生活了數十萬年，演化成為陸封型的鮭魚，不再需要每年循著河流洄游至大海，發源於雪山的七家灣溪就是牠們獨一無二的家園。秋天來到武陵農場，往吊橋下方清澈的溪水仔細觀察，很容易發現櫻花鉤吻鮭的身影。

新台幣500圓紙鈔是以梅花鹿為圖案。

國寶魚櫻花鉤吻鮭是2000圓新台幣紙鈔的主角。

爸媽必修
自然課程
Chapter 004

結實累累的稻穗收割後，
冬天的休耕稻田換成油菜或紫雲英上場，
大片花田滋養土壤，也讓我們得享繁花美景。
眾生寂寥的寒冬裡，是適合沉思與閱讀的季節。

冬天的課堂～
大自然教我們的事。

The 100 Essentials of Nature Lessons for Parents in Taiwan

Lesson

46

The 100 Essentials of Nature Lessons for Parents in Taiwan

冬天的課堂：大自然教我們的事。

地球之肺 熱帶雨林

熱帶雨林是分佈於赤道兩側到南北回歸線之間的美麗綠帶，如今主要有三大塊，包括南美洲的亞馬遜雨林、非洲的剛果河流域，以及亞洲南部包括馬來西亞、泰國、越南、印尼及菲律賓一直延伸到澳洲、新幾內亞等地。根據聯合國的研究報告，目前每秒鐘約有一足球場大的雨林消失，消失的主因包括伐木、畜牧、農業以及油棕園的開發等。

樹木會行光合作用，固定空氣中的二氧化碳，產生動植物呼吸所需的氧氣，因此綿延不絕的雨林常被稱為「地球之肺」。例如全世界最大的亞馬遜雨林，產生的氧氣量佔了全世界氧氣總量的33%，只有保護熱帶雨林的完整性，才能夠維持大氣中氧氣及二氧化碳的平衡。

一旦雨林消失，生態系的碳循環便會大受影響，導致大氣的二氧化碳濃度持續上昇，於是地球的溫度也節節上揚，氣候暖化的惡果如今已日趨嚴重，每年都在世界各地造成嚴重的災情。

此外雨林也是地球涵養水源的重要生態系，健康的雨林有助於維持地球正常的水循環，雨林的大量消失將導致大氣缺乏水蒸氣，雲層無法形成，進而減少降雨的機率，於是旱災層出不窮。以土壤養份的循環來看，熱帶雨林就像是大吸塵器，把所有水份和養份迅速吸收回去，就像是一個密閉的系統般，數百萬年來循環不已。例如熱帶雨林的磷(P)全部都儲存於植物體內，氮(N)約三分之一存於植物，鎂(Mg)則可達一半左右是儲存於植物。由此可知，砍伐或焚燒雨林將使生態系的養份大量流失，而且完全無法彌補。

除了對大氣、水、養份的影響之外，雨林的生物多樣性也是最為珍貴的自然資產之一，以馬來西亞一片一公頃半的雨林來說，其中可能有多達200種以上的樹種，雖然每一樹種的棵數可能僅個位數而已。雨林生物的龐雜程度超乎我們的想像，而且生物間相互依存的關係也比其它生態系更形複雜。雨林一旦消失，生物多樣性的損失更是難以估算，而且想要恢復成原來的熱帶雨林生態，估計要400年以上的時間。

目前全球氣候問題嚴重，讓世界各國開始重視雨林的保育，根據統計，近十年來三大木材生產國如巴西、喀麥隆和印尼，大大減少了非法砍伐雨林，約保護了1700萬公頃的雨林免遭砍伐，也等於是減少了12億噸的溫室氣體排放。但是雨林的保育依然路遙遙，為了我們自身的生存，「地球之肺」的雨林還是需要持續努力保護的。

熱帶雨林是涵養地球水源與空氣的重要生態系。

Lesson 47

The 100 Essentials of Nature Lessons for Parents in Taiwan

冬天的課堂：大自然教我們的事。

天然淨水器的森林

人類的歷史裡，砍伐樹木已行之數千年，許多古文明的瓦解，後來也證實與環境生態的崩解脫不了關係，例如美索不達米亞文明或印度古文明等，就連近年來大受歡迎的古文明遺跡「吳哥窟」也是如此。但人類似乎很難真正從歷史中得到教訓，才會一再重演類此的悲劇。

如今無論我們砍伐森林的理由為何，一旦森林消失而且發生大災難時，我們才會深切領悟森林做為環境守護神的重要性。樹木可以維持山坡的穩定，沒有森林保護的山坡地，豪雨沖刷造成嚴重的土石流，加上河川暴漲，於是淹水災情更是雪上加霜。過去幾年類似的災害不斷在台灣發生，我們是有必要重新全面檢討台灣的國土政策。

樹木在水循環裡扮演不可或缺的重要角色，它們可以攔截並保持水份，濕潤的空氣在森林上方形成降雨的雲層，使降雨規律而正常，同時降雨後吸飽水份的森林，會像海綿般慢慢釋出乾淨的水份，讓溪流與河水的水量無虞匱乏。但是沒有了森林，正常的降雨就會大幅減少，使世界各地都飽嚐旱災之苦。

記得以前看日本宮崎駿的「風之谷」動畫作品，深受感動，他對環境保育的深切關懷以及對樹木的愛，都在作品中完整呈現，深富感染力。其中有一片段提及地球環境變得不適居住，許多大樹、森林一一消失，但那些巨木死亡後依然屹立不搖，樹幹仍持續過濾水份，產生乾淨的水。那樣的畫面極富震撼力，也印證了釋迦牟尼佛說的：「森林就像是一個無限慈悲的生物體，它一無所求並慷慨付出生命的產物，它給予眾生各式各樣的呵護，甚至還給伐木人遮蔭呢！」

樹木在水循環裡扮演不可或缺的重要角色，在降雨後吸飽水份的森林會慢慢釋出水份，讓河水無虞匱乏。

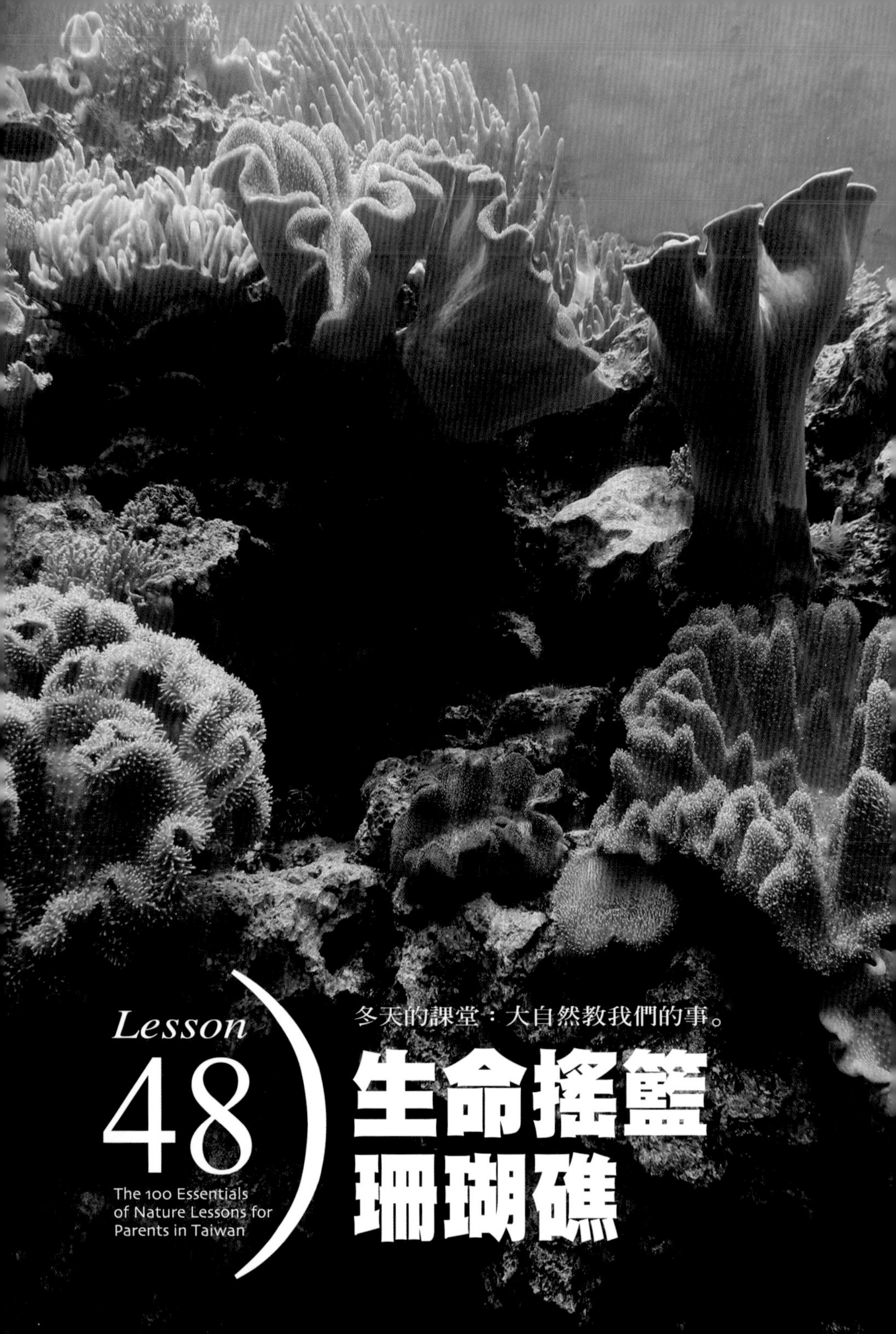

Lesson 48

The 100 Essentials of Nature Lessons for Parents in Taiwan

冬天的課堂：大自然教我們的事。

生命搖籃 珊瑚礁

以生態系的生物多樣性來說，陸地上首屈一指的是熱帶雨林，而海洋則以珊瑚礁生態系高居第一，甚至也有生物學家稱之為「海洋的熱帶雨林」。珊瑚礁多樣的空間成為眾多海洋生物棲息、覓食與繁殖的重要場所，根據統計，大約有超過四萬種的海洋生物依賴珊瑚礁生存，或是在此完成生命最關鍵的階段，如果將珊瑚礁稱為「生命的搖籃」，其實一點都不為過。

珊瑚礁在陽光充足、水溫適宜的熱帶淺海生長，建構出海洋最繁華興盛的大都會。不過不同種類的珊瑚生長速率並不一致，例如分枝狀的軸孔珊瑚每年可生長10至20公分，通常是珊瑚礁的主要架構建造者；其他如團塊形、柱形和表覆形的珊瑚生長速率比較慢，每年大概只成長1公分左右。珊瑚的生長速率又和水溫、光照等環境條件有關，一般而言，水溫攝氏23至28度之間最適合珊瑚的生長，但是水溫稍低或稍高的海域就會長得比較慢，造礁活性也比較差。

從自然的過程來看，建造珊瑚礁是一個漫長且動態的過程，一座直徑約十餘公尺的小型珊瑚礁，可能需要數百年的時間才能完成；大規模的珊瑚礁廣達數公里或數十、數百公里，當然就需要數萬年、甚至百萬年或千萬年才能堆積形成，因此所有的珊瑚礁都是大自然的珍寶。

全世界大約有多達6千至8千種魚類以珊瑚礁為家，其中數量最多的包括隆頭魚科、雀鯛科及蝶魚科的種類。珊瑚礁魚類變化萬千，色彩多半鮮豔奪目，有的棲息於珊瑚分枝間，有的在珊瑚礁上巡遊，有的則攀附或躲藏在底質上生活。許多海洋魚類在此產卵，因為珊瑚礁是幼魚最好的庇護空間，健全的珊瑚礁生態系可以蘊育豐富魚類資源，而魚類正是許多海洋國家不可或缺的重要蛋白質來源。如果生命搖籃的珊瑚礁大量消失，影響的不只是海洋生態，可能連我們的生存都會發生問題。

台灣海域四周有著許多美麗的珊瑚礁。

珊瑚礁是孕育生命的寶庫，許多美麗魚類都棲身其中。

珊瑚礁魚類是許多海洋國家不可或缺的蛋白質來源。

Lesson 49

The 100 Essentials of Nature Lessons for Parents in Taiwan

冬天的課堂：大自然教我們的事。

蘊藏寶藏的海洋

台灣是個海洋國家，四面環海，海岸線綿延一千五百多公里，東臨太平洋，又位處西太平洋海上交通的樞紐，四周的海洋資源豐富，各式各樣的漁產養活了我們，還有日常生活不可或缺的鹽，也是取自於大海。海洋蘊藏了無數寶藏，端視我們是否擁有足夠的智慧與知識，為台灣創造永續生存的條件。

對於地狹人稠又四面環海的台灣而言，多達兩千種以上的海洋生物是我們非常重要的食物來源，其中以魚類占最高比例，大約有數百種之多，其次則為一千種以上的甲殼類、三十餘種的軟體動物以及昆布、紫菜、石花菜等藻類。除了漁民捕捉或採收之外，台灣的水產養殖技術相當先進，以鹹水魚塭養殖高單價的石斑魚、海吳郭魚、虱目魚等，而西部淺海則大量養殖牡蠣及文蛤等。海洋提供了豐碩的食物資源，是我們賴以生存的重要生態系。

海洋是地球上最大的水體，為了利用海水來彌補淡水的不足，如今許多國家都大力發展海水淡化的技術，讓源源不絕的海水可以解決水荒的問題。台灣雖然年雨量二千多公釐，但我們在最容易缺水國家的評比裡依然名列前茅，為了解決未來用水問題，海水淡化是可能的對策之一，如今台灣的海水淡化技術已日趨成熟，不過現有的海水淡化廠大多分布在離島地區。

為了子子孫孫的永續生存，世界各國無不卯足全力發展再生能源，其中海洋能源就提供了無限的可能性。海洋能源包括潮汐、潮流、波浪、海流、溫差、鹽度差等能源，還有海洋上的離岸風力也是可供利用的能源，海洋能源的開發就是針對這些海水的自然能量，直接或間接地加以利用，使其轉換為電能。

以台灣而言，波浪發電是可行的方向，由於廣闊的海面上經常出現洶湧的波濤，其中蘊藏的能量極為驚人，特別是澎湖西側海域、巴士海峽、東北部及東部外海的波浪能量較高，是值得發展的部份。此外，目前台灣最適合溫差發電的區域是東部沿岸的海底陡坡，水深達一千公尺以上，表層水和底部水的溫度相差了20度，具有發電的潛能。而台灣沿海可供開發海流發電應用的地區，以東部海域及澎湖水道為佳。

以台灣的科技層面而言，開發海洋資源成為源源不斷的再生性能源應該不成問題，也唯有善用海洋蘊藏的珍寶，我們才能成為永續發展的海洋國家。

海岸邊的風力發電是未來可以永續發展的環保能源。

海洋提供了豐碩的食物，是我們賴以生存的生態系。

Lesson

50

The 100 Essentials of Nature Lessons for Parents in Taiwan

冬天的課堂：大自然教我們的事。

淨化污水的人工濕地

Amaurornis phoenicurus

白腹秧雞是人工濕地常見的留鳥。

濕地宛如大地的腎臟，扮演天然淨水廠的角色，不僅可過濾污水，許多濕地植物已被證實可以吸收重金屬、氮、磷等污染物質，因此人工濕地的概念即是結合傳統的污水處理技術以及植物移除污染物的能力，是對環境十分友善的人工設施。

如今大台北地區的大漢溪沿岸陸續設置了11處人工濕地以及礫間處理系統，全部完工之後將可處理大台北地區的家庭生活廢水，除了具有整治淡水河系的功能之外，由於人工濕地的外觀與天然濕地十分類似，因此也可進一步復育河川生態，成為連成一氣的 河川生態廊道，讓生物可以安心在此繁生。

人工濕地主要利用人為工程營造沉沙池、漫地流區、近自然式溪流淨化區、草澤濕地區以及生態池等，以微生物及植物分解髒污的能力，過濾都會的生活污水。其中濕地植物扮演不可或缺的重要角色，例如挺水植物的蘆葦或香蒲等禾本科或莎草科植物，不僅生長快速，對營養鹽如氮、磷、鎂的需求量也高，因此對污染物的移除效果極佳。

浮水植物如布袋蓮或大萍等，繁殖快速，可有效覆蓋水面，防止藻類增生，同時也可調和水溫、減少臭味散出，亦防止蚊蟲滋生，對改善濕地的條件有相當大的幫助。

根據大漢溪的生態調查發現，在人工濕地活動的鳥類已大幅增加，同時也有豐富的魚類、昆蟲及兩棲動物等，顯見逐漸成為生物喜愛的棲息環境。

人工濕地的各種植物提供了生物掩蔽棲息的空間。

人工濕地裡的水柳形成一個美麗的景致。

Lesson 51

The 100 Essentials of Nature Lessons for Parents in Taiwan

冬天的課堂：大自然教我們的事。

綠色奇蹟的光合作用

綠色植物是地球所有生命賴以生存的重要基礎，它們宛如一座座無污染的化學工廠，分分秒秒不斷進行各種活動。白天裡綠色植物以陽光、空氣、水製造自己所需的養份，儲存起來的養份和能量再用於生長以及進行許多維持生命的活動。這種神奇的綠色奇蹟就是「光合作用」，如果沒有光合作用，地球上將不可能有任何生物存在。

光合作用是綠色植物吸收太陽能後，再以水份及空氣中的二氧化碳，合成碳水化合物，並釋放氧氣。奇特的是，植物靠著葉片裡的葉綠體以及許許多多的酵素來進行光合作用，不須耗用能量，也不須加溫，一切都在常溫下進行。這樣的高效率生產系統，時至今日高度發展的人類科技，我們依然無法複製小小的葉綠體化學系統。不過許多科學家還是不眠不休地努力，試圖複製類此的綠色高效能系統，解開謎團的那一天，應是全人類之福。

義大利威尼斯港口最近開始興建一座嶄新的發電廠，主要利用微型海藻的光合作用來發電，微型海藻經過篩選後於透明的圓柱管內大量繁殖，充沛的陽光讓微型海藻進行旺盛的光合作用，再利用高科技的電漿技術，讓大量乾燥離心的海藻生質轉換成碳，爾後的分子分裂推動產生能源的渦輪來發電。這樣的發電系統完全不會排放二氧化碳，雖然目前的造價仍相當昂貴，不過至少已朝向正確的方向。

日本沿海蘊藏了豐富的海藻，是少數尚未開發的生質能源。目前他們已開發出「海藻生物質能發酵設備」，用來回收海藻發酵產生的甲烷，並用於發電。海藻的成長過程會吸收二氧化碳，發展類此的生質能源，不僅可減少石油等燃料的使用，又可減少二氧化碳，避免地球暖化進一步惡化，最後的殘餘物還可做為肥料，是好處多多的新能源方向。台灣四面環海，同樣有豐富海藻資源，是值得努力的方向。

台灣也有豐富的海藻資源，應該好好研究利用。

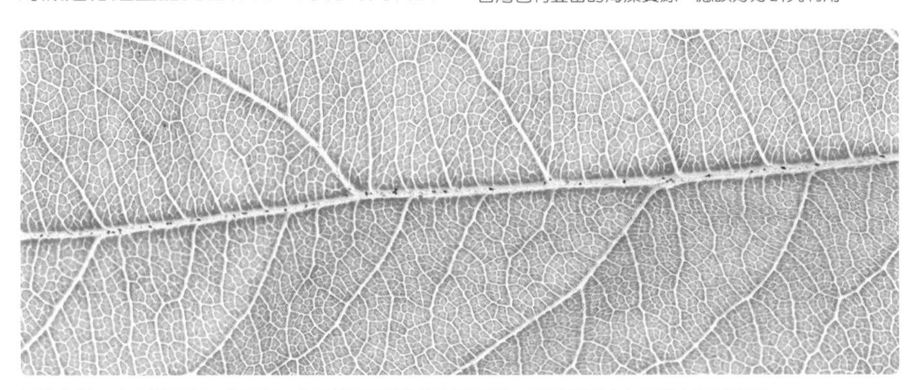

葉片宛如一座座微型的化學工廠，分分秒秒不斷進行各種活動，瞭解其精密之處讓人不禁讚嘆。

冬天的課堂：大自然教我們的事

Lesson 52

The 100 Essentials of Nature Lessons for Parents in Taiwan

空調大師的白蟻塚

夏天的酷熱讓生活在都會的現代人，不得不大量依賴空調生活，但地球暖化的進一步惡化，很有可能讓我們未來的天氣成為極端型氣候，酷暑與寒冬將是常態的天氣。為了因應如此劇烈的改變，或許我們該多多師法自然，看看其它生物是如何成功存活數億萬年。

例如生活於澳洲與非洲乾燥草原上的白蟻，就是非常值得效法的對象。巨大高聳的白蟻塚赫赫林立，宛如一座座寺塔，這些自然界龐大建築物是由無數的白蟻以泥沙、植物碎屑混合唾液築成的，而且所有的白蟻塚幾乎都是南北向，其中就蘊藏了「空調大師」的古老生存智慧與秘密。

白蟻塚所在的乾燥草原，白天高溫常到攝氏40度以上，雖然白蟻塚的表面溫度很高，但裡面的溫度卻始終維持在適合白蟻生活的攝氏30度左右。原來白蟻塚的中央有一煙囪狀的空洞，熱空氣上昇之後由頂端出口流到外面，同時帶動新鮮空氣由塚壁縫隙流入，巧妙地利用空氣對流來調節白蟻塚內的溫度。

澳洲白蟻塚的外形大多呈現扁平、有稜有角的奇特造型，應是為了有效捕捉陽光所致，白蟻喜愛溫暖的穩定氣溫，通常白天都會待在溫暖的東側，到了太陽下山的傍晚，白蟻會移向溫暖的白蟻塚中心地帶。南北向的白蟻塚在當地是最為普遍的，以遮蔭及風 向等因素來考量，南北向確實是最適於居住的。小小的白蟻不需消耗任何能源，卻能營造最舒服的生活空間，「空調大師」的稱號一點也不為過。

日本琉球那霸市的縣政府建築物十分特殊，當初建築師即參考白蟻塚的結構來設計，希望蓋出節能的綠色建築，成效斐然，非常值得參觀。另外歐洲或日本也發展出類此的住宅建築工法，住宅牆壁由兩層構成，中間留有空氣流動的縫隙，下方新鮮的空氣穿過壁間的縫隙不斷流動，再由出風口流入房間，兩小時內就可讓房間充滿新鮮的空氣，而且自然的空氣流動是不需耗能的。

師法自然是每個人必修的課程，畢竟許多生物都曾熬過地球的劇變而存活至今，或許這也是我們未來生存的關鍵所在。

巨大的白蟻塚巧妙的利用空氣對流來調節裡頭的溫度。

很難想像小小的白蟻竟然能建造出這樣巨大的蟻塚。

Lesson

53

The 100 Essentials of Nature Lessons for Parents in Taiwan

冬天的課堂：大自然教我們的事。

嶄新材料 蜘蛛絲

蜘蛛的奇特生活方式與外形，常讓牠們背負了許多誤解與成見，喜歡蜘蛛的人少之又少，其實蜘蛛在生態系扮演了重要的角色，值得我們好好重新認識牠們。

就拿人見人厭的蜘蛛網來說，它們通常出現在方便蜘蛛捕食其它小生物的位置，不過也有蜘蛛會出現在我們的居家空間，特別是我們很少清理的黑暗角落，一旦有蜘蛛落腳，蜘蛛網的清理常讓人既頭痛又害怕。

不過居家蜘蛛終究是少數，大多蜘蛛還是以野外為家，全世界約四萬種的蜘蛛，每一種都會吐絲，但真正結成蛛網的卻不到一半。蛛絲的強韌度十分驚人，公認是所有天然或人造纖維中最為強韌的，此外蛛絲雖然纖細，但是承載重量的能力也比同樣直徑的鋼線高出一倍。若將蛛絲泡水，長度雖然收縮成原有的60%，但彈性卻可增加為原有的一千倍。如此奧妙的材料，當然成為現代生物工程炙手可熱的目標之一。

蛛絲具有天然的殺菌力，所以史前人類早就懂得用蛛絲做成包紮傷口的繃帶，而大洋洲島嶼的原住民也會使用蛛網做成捕魚的用具。如果能夠大量生產並且善用蛛絲這種嶄新材料，其應用範圍之廣將不再是天方夜譚。例如以蛛絲製作防彈衣，重量將只有現有防彈衣的數分之一；以彈性絕佳的蛛絲取代鋼絲建造吊橋，大概只需十分之一的材料，不過還必須先解決因彈性太好而劇烈搖晃的問題。想要將蛛絲開發成可行的嶄新材料，雖然還是一條漫漫長路，不過由此可知大自然蘊藏了無限珍寶，也唯有自然知識可以為全人類創造更高的福祉與豐富的可能性。

蛛絲的強韌度十分驚人，是所有纖維中最為強韌的。

蜘蛛絲是蜘蛛捕捉食物的利器，有著極大的生命智慧。

蛛絲承載重量的能力也比同樣直徑的鋼線高出一倍。

Lesson

54

The 100 Essentials of Nature Lessons for Parents in Taiwan

冬天的課堂：大自然教我們的事。

土壤微生物與奇蹟蘋果

這幾年日本木村阿公的奇蹟蘋果聲名大噪，就連遠在台灣的我們也對他的故事耳熟能詳，更重要的是他的堅持證明了自然栽培是可行的，如今他更四處奔波，希望讓更多農民一起從事無農藥、無肥料的栽培。

在木村阿公的兩本書裡，幾十年歲月的摸索，在字裡行間讀到的是樂觀主義者的執著與信念，但現實的壓力卻又如影隨形，加上一直找不到方法，他幾乎就要放棄了。但山林裡的大樹挽救了一切，讓他終於找到答案，原來自然栽培的關鍵就在土壤，沒有健康的土壤生態系，所有的無農藥、無肥料栽培都是遙不可及的幻影。

讀完他的書，讓我深刻反省以前在學校學到的理論，當時農業科技一切萬能，土壤的養份不夠，就多加一些肥料，反正營養三要素氮、磷、鉀要多少有多少，而以農作物為食的昆蟲一律都是害蟲，噴藥趕盡殺絕是唯一的選擇。但到頭來大量的農藥、肥料毒害了我們賴以為生的土壤，多餘的還流入水體，繼續循環危害其它生態系。這條不歸路終於有人開始踩煞車了，尋覓更為理想的農業栽培方式。

誠如木村阿公說的，為什麼山上的樹沒有人施肥、噴藥，卻依然長得旺盛、充滿生命活力？秘密就在於養活森林的柔軟土壤，自然的土地不需任何人為的照料，而是棲息在這片土地所有生物合作的結晶，昆蟲和微生物一起合力將落葉、雜草及其它有機質分解，讓養份回到土壤裡循環不息，土壤內無數的細菌與黴菌一起維護健康的土壤。有了健康的土壤，才會有健康的植物，自然也不需任何農藥或肥料。

要讓農田的土壤回復健康狀態絕非易事，長年的化學肥料和農藥早已將土壤的生態系弄得奄奄一息，以前採訪過大屯溪自然農法的黎旭瀛醫師夫婦，他們表示台灣的農田要真正乾淨恐怕得休耕十年以上。但改變總比放棄來得有希望，開始的第一步總是最艱難的，效法木村阿公回復蘋果園土壤生機的方法，謙卑地面對土地及所有生物，才能留給下一代一片生機無限的大地。

健康的土壤裡有著無數的細菌和黴菌，還有蚯蚓等生物生活其中，就是幫忙果樹成長的重要因素。

Lesson 55

The 100 Essentials of Nature Lessons for Parents in Taiwan

冬天的課堂：
大自然教我們的事。

自然就是美

台灣特有種長臂金龜
超長的手臂也是經過世代演替，
保留優良的基因而形成的。

長鼻猴公猴的大鼻子較容易受到母猴的青睞。

滇金絲猴幾乎沒有鼻子，與長鼻猴形成強烈對比。

人類對於自然美的喜愛是與生俱來的，美麗的花朵、巍巍的大樹、鮮豔的鳥羽等等，無一不讓我們讚嘆、歡喜，大自然的美一直是滋潤人類心靈不可或缺的重要部份，如今我們生活的水泥叢林與自然越離越遠，我們的家裡、窗台、陽台或花園越是種滿了各式各樣的植物。

「自然就是美」在台灣成為一家化妝品牌的公司標語，也在大衆間廣為流傳並成為大家的習慣用語，但是熟悉並不代表信服，相反地我們卻不斷做出有違自然的選擇，因為人定勝天，我們可以改變現狀。像流行一時的韓劇，隨之而來的美容整型風也橫掃台灣，每個人都覺得自己缺點多多，如果可以讓自己更美，何樂而不為？於是一家家整型外科林立街頭，熱衷於改頭換面的大衆，於是出現了許許多多神似的臉孔和長相，美麗成為一致化的產業。

其實大自然的生命原本就是多樣存在的，根本沒有美醜之分，重要的是能夠在強大競爭下成功繁衍下一代，並將有利生存的基因代代傳遞下去。以我們身邊常見的街貓來觀察，成功贏得公貓青睞而為之大打出手的母貓，不見得是最美麗的，當然美麗與否純粹是人類觀點，動物有其選擇的標準，加上天擇因素的作用，所以我們看得到的各種生命都有其生存的利基。

自然就是美，代表的是全然接受與生俱來的特質，因為除了同卵雙胞胎之外，每一生命都是世上獨一無二的個體。每一生命的基因密碼是幾億萬年的演化結果，此時此刻組合成每一獨特的個體，只有當下的存在是再真實不過的，而佛家所說的「人身難得」不也呼應類此的看法嗎？

自然就是美，代表的是珍視每一生命，生物沒有好壞之分，生物的存在與否也不是我們可以決定的事，大自然有其運行的方式，再渺小的生命也有其存在的意義。誕生是常理，死亡是常態，生老病死都是大自然的一部份，我們不應試圖改變生命必行的軌跡，而是應該將每一天的存在發揮到極致，才不枉難得的人身吧！

貓熊的黑白裝扮，有其特殊的生態意義。

成功贏得母貓青睞的公貓，長相不是絕對的選擇。

Lesson
56
The 100 Essentials
of Nature Lessons for
Parents in Taiwan
冬天的課堂：大自然教我們的事。
團結力量大
婆羅洲的織巢蟻運用分工合
作的方式一邊一群螞蟻奮力
咬住樹葉在樹上築巢。

冬天消聲匿跡的螞蟻大軍，一到氣溫回暖的季節，馬上大軍壓境，家裡有些許的食物碎屑都逃不過牠們靈敏的嗅覺，就連貓咪的飼料盆也難逃毒手，每天早上都忙著趕走一堆黑壓壓的螞蟻兵團。

螞蟻是高度社會化的昆蟲，單一個體的螞蟻看似弱不禁風，事實上牠們已經在地球上生活了好幾千萬年，並且迅速擴散到地球的每一角落，堪稱是我們人類的老前輩。以現有生物的總生物量來看，螞蟻的總數量可說是天文數字，也是唯一能夠與人類相抗衡的優勢物種。

螞蟻的優勢王朝完全得利於群體的團結合作，每一螞蟻個體的存在都是為了群體而生，牠們高效率的群體戰力，主要歸因於強大的化學溝通能力，螞蟻從身體分泌不同的化學物質，同巢的同伴嗅聞之後，根據釋放的化學物質以及當時的環境條件，判斷究竟是警告、前方有食物來源，還是應該要照顧幼蟻、種植真菌等等，整個蟻巢在化學訊號的控制下，分毫不差地運作著。螞蟻和人類一樣，兩者能在生物圈取得優勢地位，無非都是善用溝通訊號的結果。

多數螞蟻的社會都由具生殖力的蟻后、少數雄蟻以及最大多數無生殖力的工蟻組成，不同體型的工蟻各司其職，大型兵蟻負責防禦，小型工蟻則要採集食物、照顧幼蟻、餵養蟻后。螞蟻的成功來自於牠們龐大的數量，每隻螞蟻為了蟻群分工合作，充份發揮「團結力量大」的真諦，讓蟻群成為一個「超級有機體」。

螞蟻大軍看似渺小，卻是維護地球生態系的健康守護神，全世界超過90%的動物屍體被螞蟻搬回巢裡當成食物，大量的植物種子也運回巢內，連帶幫助了植物四處傳播。此外，全世界螞蟻累積搬動的土壤體積遠遠超過蚯蚓，這個龐大的搬運過程讓大量土壤養份產生循環，於是造就了健康的土壤生態系。

相較於小小螞蟻對大自然生態系的貢獻，我們這些個頭大大的人類豈不汗顏？

據統計，全世界超過90%的動物屍體被螞蟻搬回巢裡當成食物，其中也包括牠們自己死傷的同伴。

Lesson 57

The 100 Essentials of Nature Lessons for Parents in Taiwan

冬天的課堂：
大自然教我們的事。

精兵策略

中南美洲雨林中的草莓箭毒蛙會將孵化的蝌蚪揹在背上，將牠們移至鳳梨科植物積水的葉柄內，並常回來排放未受精卵供蝌蚪食用，提高後代的存活率。

不同的生物有不同的生存策略，唯一的共同目標就是要讓自己的族群世世代代繁衍，成功佔有一席之地。於是有的生物採取卵海戰術，以大量產生下一代的方式，同時親代也無需照料，一樣可以達到存活的目的。不過卻有另一類生物則採精兵策略，繁殖的子代數量有限，但親代投注大量精力照料，讓子代可以成功存活。以我們人類而言，幼年期之長是所有生物之最，而一次分娩也以一個嬰兒居多，但人類卻成為整個地球最優勢的生物物種，可以說是將精兵策略發揮到極致。

哺乳動物的狀況大多與人類相似，像壽命極長的大象，不僅懷孕期長，出生後幼象的照料期也長，但對象群而言，幼象是非常重要的，因此會以整個象群之力一起撫育幼象，以提高幼象的存活機率，可說是動物界精兵策略的具體呈現。

美洲熱帶雨林裡的箭毒蛙跟一般蛙類大不相同，大多數的蛙類只要挑選好產卵的地點，完成交配之後即行離去，蛙卵是否能夠順利孵化成蝌蚪，蝌蚪能否長成幼蛙，切順其自然，但一般蛙卵的數量極多，所以下一代存活不成問題。但箭毒蛙獨特的育幼行為，在1980年代由德國生物學家發現，為了在競爭激烈的雨林中提高後代的存活率，有些箭毒蛙會將孵化的蝌蚪揹在背上，然後將牠們移至鳳梨科植物積水的葉柄內，並經常回來照料蝌蚪，排放未受精的卵供蝌蚪食用。

另一極端的例子是鳥類的國王企鵝，牠們生養下一代的條件極其嚴苛，堪稱是動物世界最佳奉獻父母獎的典範。為了讓小企鵝可以有一整年的成長時間，國王企鵝選擇在南極的酷寒季節繁衍下一代，一片白茫茫的冰雪世界，父母企鵝輪流用腳捧著唯一的一顆蛋，並用下腹緊緊包覆著蛋，萬一蛋不小心滾出腳外，馬上變成一顆無法孵化的冰球。母企鵝與公企鵝在長達五個月的育雛期，輪流長途跋涉到海裡進食，一來一回都要一、兩個月以上，而留守的只能耗用體內預存的脂肪，忍飢耐寒，一心一意等待小企鵝孵出。國王企鵝的特殊育雛行為，展現了地球生物堅韌無比的求生意志。

大象會集體撫育幼象，是動物界精兵策略的具體呈現。

一隻國王企鵝的成長，需經過親鳥漫長辛苦的呵護。

Lesson 58

The 100 Essentials of Nature Lessons for Parents in Taiwan

冬天的課堂：大自然教我們的事。

數大就是美

成群的高蹺鴴飛行十分壯觀美麗。

詩人徐志摩的「數大就是美」成為大家耳熟能詳的名句，每每旅途中看到成片的花海、森林或成群的鳥類、動物，總會不自覺地脫口而出，彷彿與詩人一起分享眼前的美景。

其實在生物的世界裡「數大就是美」是永恆不變的真理，背後還多了一些生存策略的實際考量，只是以我們人類來看，當下唯一重要的是美的感受。例如每年春末的月圓後數天，許多種類的珊瑚同時把精卵排放在海水中，形成非常壯觀的自然奇景。這種現象其實是珊瑚的生存策略，因為茫茫大海危機四伏，珊瑚採取集體生殖的「卵海戰術」，排出數以萬計的精卵，增加受精卵存活的機率，以確保族群的生生不息。

昆蟲的生殖也多半如此，許多種類的雌蟲一次產下由上百粒卵組成的卵塊，孵化的幼蟲群聚在一起，不論是取暖或遮風避雨都比較方便，同時還可相互合作一起覓食。

秋天河床上成片盛放的甜根子草，一片白茫茫的花海，十分壯觀，這場大型的集體婚禮，風就是它們最好的媒人。

而春天的山櫻花花海，可忙壞了鳥兒和昆蟲，但也讓這些媒人吃得飽飽的，還可順利地傳宗接代。集中開花、結果，是植物散播下一代的利器，也連帶造福了其它的動物。

每年秋冬來到台灣的候鳥多半數量十分龐大，牠們在北方的原生地通常會先集結，等待適合長途跋涉的氣候條件，出發時大多成群結隊，一起遷徙還可相互警戒，以避免路途生變。就連平常獨來獨往的鷹類，遷徙時也會集結成大隊鷹群，讓秋季的賞鷹精彩極了。

世上最著名的動物大遷徙，每年6至10月持續在肯亞及坦尚尼亞之間的賽倫蓋提斯大草原上演，數以百萬計的牛羚、斑馬為了飲水與食物，千里跋涉，年復一年，對牠們而言是攸關生死的危險旅程，卻成為最熱門的生態旅遊，因為整個地球只有這裡才看得到如此大規模的動物遷徙。不過許多專家預言氣候的暖化將使非洲的旱災日益嚴重，以後對動物大遷徙會造成什麼影響，值得持續關注。

小小的堇菜一起開花，讓森林底層鋪上了一層淡紫。

山桐子結果時，一樹鮮紅果子也讓人讚嘆。

樹皮螳螂把自己隱身在落葉堆裡，很難發現牠的蹤跡。

冬天的課堂：大自然教我們的事。

Lesson 59

真真假假難分辨

The 100 Essentials of Nature Lessons for Parents in Taiwan

雨林裡的生物為了生存無所不用其極，牠們最擅長的就是隱身術，宛如披了一件哈利波特的隱形衣，轉眼間消失無蹤，不熟悉牠們的偽裝伎倆，很容易就精神衰弱，以為自己產生了幻覺。其實雨林就是一座活生生的魔法森林，到處都是會走的樹枝、活動的枯葉、飛行的花朵，真真假假難分辨。

動物的偽裝是以體型或體色來模仿周遭的環境，以避免被掠食者發現，其中最典型的代表就是竹節蟲。酷似樹枝的竹節蟲，體色多半是綠色或褐色，在樹枝間一動也不動或是緩慢移動，根本很難被察覺。每次在家裡附近意外發現竹節蟲總是在颱風過後，大量樹枝、樹葉落滿地，一片狼籍之中才會發現奄奄一息的竹節蟲。

到雨林旅行，最有趣的部份就是試試自己的眼力，但大多時候都是被打敗的，因為許多昆蟲的偽裝已是出神入化，沒有修練多年的功力是難以匹敵的。

例如許多偽裝成樹葉的螽蟴，連樹葉上的葉脈或破洞都有，除非牠突然移動，否則根本別想找到牠。雨林裡的螳螂依然不改殺手本色，只是這裡有一群花螳螂，為了在花叢間埋伏突擊前來覓食的昆蟲，牠們變身成花朵的一部份，維妙維肖的程度令人嘆為觀止。這種變身伎倆讓花螳螂只要守花待蟲，獵物很容易就手到擒來。

花螳螂變身成花朵，維妙維肖的程度令人嘆為觀止。

有些昆蟲的幼蟲為了騙過掠食者的銳利雙眼，還刻意偽裝成非生物，例如鳳蝶的幼蟲剛孵化時，是濕黏黏的黑褐色，看起來就像是一小坨鳥糞，讓小鳥根本沒興趣啄食牠們。

真真假假難分辨，無非就是與掠食者玩一場捉迷藏遊戲，只是代價很高，賭注是寶貴的生命。偽裝讓一些小昆蟲逃過一劫，但也讓守株待兔的變身掠食者機會大增，沒有三兩三是無法成功存活下來的。

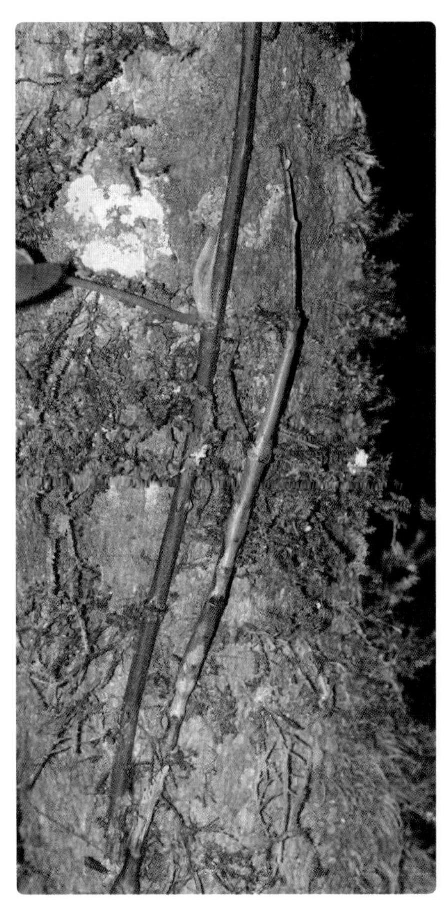

竹節蟲一直是偽裝的高手，畫面右側的就是竹節蟲。

Lesson

60

The 100 Essentials of Nature Lessons for Parents in Taiwan

冬天的課堂：大自然教我們的事。

1%的DNA

以遺傳基因來看，黑猩猩與人類最相近，因此一直被視為是解開人類起源、演化與行為的重要關鍵。

「人」一向認為自己和其它動物的界線是無法跨越的，但這種想法已逐漸被許許多多的研究推翻。基因研究領域的長足進展，早已證實我們和黑猩猩擁有98%以上的共同基因，加上珍古德博士的野外生態研究，再再顯示我們與黑猩猩的密切關係。數百萬年前的演化分岔點，讓人類與最親密的動物兄弟從此分道 揚鑣，我們成為地球上最優勢的物種，黑猩猩卻面臨絕種危機。

類人猿(ape)與人類十分近似，種類主要包括了長臂猿(gibbon)、紅毛猩猩(orangutan)、侏儒黑猩猩(bonobo)、黑猩猩(chimpanzee)、大猩猩(gorilla)等，這些類人猿因各自的生活環境大不相同，於是演化出許多特殊的適應方式。若以遺傳基因來看，黑猩猩和侏儒黑猩猩與人類最相近，因此一直被視為是解開人類起源、演化與行為的重要關鍵。

或許正因為黑猩猩與我們的微妙差距只有1%的DNA，宛如是人類在動物世界

行為模式與人相近的小紅毛猩猩也成為熱門的寵物。

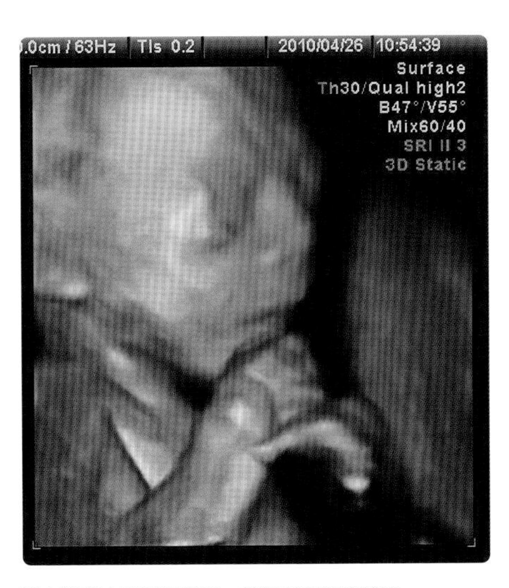

類人猿與人的基因相近，幾乎只有1%的差距。（劉毅提供）

裡的鏡像，看到黑猩猩總能激起人們的心理反應，於是小黑猩猩在寵物市場十分搶手，也是動物表演界裡最炙手可熱的「商品」。加上牠們的DNA和人類如此近似，一樣可以感染肝炎、愛滋病等病毒，於是成為醫學界「最理想的實驗品」。

但我們真的可以這樣對待我們的動物兄弟嗎？只是因為這是一個人類說了才算數的世界，其它完全沒有聲音的芸芸眾生就該任我們宰割嗎？幸而透過許多人的努力，如今人類無法再自外於整個生物界，我們原本就是芸芸眾生的一份子，為永續的生物圈貢獻己力，將是人類無可迴避的責任。

對於人類學家而言，黑猩猩像是握有人類起源秘密的寶貴鑰匙，不僅可以一一解答人類當初為何開始直立，為何會發展語言，乃至於人性本惡的種種侵略性行為，種種謎團將可迎刃而解。因此如何完善保留黑猩猩的棲息環境，以及維繫健全的黑猩猩野生群落，讓牠們保有生存空間。

爸媽必修
自然課程
Chapter 005

接觸自然，
第一手體驗自然之美，
關愛生命，對環境友善，
是無可取代的生命教育，
也是現代為人父母的重責大任。

親子共享的～
自然課。

The 100 Essentials of Nature Lessons for Parents in Taiwan

Lesson

61

The 100 Essentials of Nature Lessons for Parents in Taiwan

親子共享的自然課。

開啟體驗自然的感官

許多人對大自然都習慣性地視而不見，特別是生活於都會環境裡，一整天待在有空調的屋裡，出門開車或搭乘捷運，穿梭於龐大的地下連結道路，多少人連今天天空的顏色都不曾留意，更不用說聞一聞空氣傳來的氣味，或是享受一下午後雷陣雨的雨聲交響曲。

其實想要體驗自然的美好，第一步就是要重新開啓我們與生俱來的感官，好比電腦當機時重新按一下Start電源鍵，只是這終究不像電腦開機那般簡單，如果在重要的青少年成長階段阻斷了對外界的感官能力，以後想要重新拾回是難上加難。

小孩對於生活的世界具有極為敏銳的感覺，但成人總習慣不把他們當一回事，加上長久以來的升學競爭壓力，大家關注的永遠是把書唸好，其餘免談。於是我們的孩子踏上一條不歸路，汲汲營營於考上好學校，畢業後找到一份好職業，萬一能力不足，在這場激烈戰爭中敗北，往往成為自外於社會的漂泊心靈。

太早接觸科技產品，會讓孩子封閉對自然的感官。

其實這是多麼可惜的事，大自然絕對不會只有一條路可走，多樣的生命型態和各式各樣的求生本領，讓我們知道每一寶貴生命都有其存在的意義，而為人父母不是應該幫助孩子尋尋覓覓，找到適合自己的路嗎？而不是用單一標準框架要求孩子只能這樣過一生。

我們的感官包括視覺、嗅覺、聽覺、觸覺與味覺，無一不是體驗自然的最佳利器。世上美好的生命何其多，美麗的色彩、外形或長相都是視覺饗宴；空氣中飄浮的花香，提醒您什麼季節又到了；傳入耳中的野鳥求偶歌曲或是夏季震耳欲聾的蟬鳴，是最好的自然音樂；撫觸樹幹、葉片，甚而家裡貓狗的毛髮，皮膚傳遞的觸覺會銘記在心，也是傳達情感的自然方式；每一季的當令食材，好好品嚐季節的真滋味，是生活莫大的享受。有了豐沛的感官，自然的美好將深植人心，沒有一絲一毫的勉強。懂得時時刻刻體驗自然，人生怎麼可能不是一場豐富之旅？

讓孩子接觸自然，是小孩身心成長的重要課題。

親子共享的自然課。

Lesson 62 理解自然的符號

The 100 Essentials of Nature Lessons for Parents in Taiwan

只要用心觀察，你就能領略自然的符號，瞭解鳥類何時繁殖、植物何時開花，生命也充滿喜悅。

如果要讓小孩一直擁有天生的好奇心，大人應該陪伴孩子，與他一起重新發現世界的喜樂、驚奇與神秘。

我們常將大自然裡的衆生歸類為「沒有聲音」的動物或植物，其實沒有聲音是因為它(牠)們無法以人類的語言方式表達，並不是真的完全沒有聲音，每一生物都以自己的方式互相溝通交流，差別的只是複雜程度而已。因此教導孩子理解大自然的符號是很重要的，透過這些點滴接觸，孩子眼裡的自然將有嶄新的風貌，理解了自然的符號，許多不必要的恐懼或誤解也將不復存在。

美國著名的環保作家瑞秋·卡森曾寫道：「如果要讓小孩一直擁有天生的好奇心，那麼，至少要有一個能夠分享他好奇心的大人陪伴著，與他一起重新發現世界的喜樂、驚奇與神秘。」透過孩子的眼光，我們也可重新認識周遭的一切，享受每一難得的共處時光。

例如散步時聽到各種不同的聲音，不妨豎耳傾聽，問問孩子的感受，如果剛好是自己認識的生物，也可多說一些相關的知識，讓孩子理解蟲鳴鳥叫的背後含意。像是春天的求偶季節，精彩的野鳥求偶歌曲是讓人百聽不厭的，從而延伸讓孩子瞭解大自然生生不息的運作方式。

夏天晚上的蛙鳴交響曲可以增添夜晚探索的樂趣，此起彼落的不同蛙聲，試著引導他們加以區別。秋天的葉片變色大會，不妨多花些時間，一起蒐羅喜愛的落葉與落果。冬天萬物蕭條的季節，是欣賞樹木姿態的最佳時機，還有不時發現鳥巢的小驚喜。

至於更為進階的動物行為或語言，不妨從小孩都喜愛的昆蟲著手，例如找找附近的蝴蝶食草植物，看看是否已有蝴蝶產卵，一旦找到之後，定期回來觀察，與孩子一起記錄蝴蝶的生命歷程。或是照顧獨角仙的幼蟲直到蛻變為成蟲，配合相關書籍的閱讀，也會營造出豐富無比的夏天。

夏夜的螢火蟲，除了一起欣賞美麗的點點螢火，更是理解螢火蟲光通訊語言的最佳時機。而家裡的貓狗是最好的動物大使，透過生活上的密切相處，孩子很容易理解牠們的語言，也會自然流露情感，是成長階段最好的動物夥伴。

Lesson

63

The 100 Essentials of Nature Lessons for Parents in Taiwan

親子共享的自然課。

接觸生命

家裡的貓狗是小孩成長階段最好的朋友，透過照顧貓狗，不僅可以培養責任感，貓狗回饋給孩子的愛，可以讓孩子學習表達情感，以後也會成為懂得付出的人。

人類是群體動物，生活在世上，少不了錯綜複雜的人際關係。除了人與人的密切接觸之外，周遭無數生命同樣值得認識與接觸，它(牠)們是我們心靈的滋潤，帶給我們美的感受，讓我們懂得尊重生命，善待小動物，並進而愛護我們賴以生存的環境。像是現代家庭少不了的室內綠色盆栽，或綠意盎然的陽台植物，乃至於辦公室裡的小盆栽，照顧它們，看著它們冒新芽、長新葉，是人人都可體驗的喜悅，也是生活在水泥叢林裡不可或缺的綠色夥伴。

家裡的貓狗是小孩成長階段最好的朋友，透過照顧貓狗，不僅可以培養責任感，貓狗回饋給孩子的愛，可以讓孩子學習表達情感，以後也會成為懂得付出的人。這些都是接觸生命的珍貴禮物，但許多父母都以空間太小、沒有時間照顧等理由而讓孩子錯失接觸生命的機會，實在可惜。有的甚而教導孩子莫名的恐懼，拒絕讓孩子接觸任何小動物，不是說牠們會咬人，要不就是很髒，會傳染疾病。

近年來風靡一時的貓城猴硐，讓沒落已久的煤礦小城重新找回活力。為什麼那麼多人蜂擁而至？其實道理再簡單不過，生活在這裡的貓咪知道人們是和善的，所以完全不怕人，可以自然地與遊客嬉戲或拍照。友善的環境，善待動物的人們，自然也有快樂的動物，於是吸引更多人到此一遊，體驗撫摸貓咪的愉悅，也成為台灣難得一見的特殊旅遊，更吸引了來自香港或東南亞的遊客。

接觸生命並不限於照顧或餵養小動物，即使走在路上、穿越公園，打開五官，其實我們無時無刻都在接觸生命。春天冒出新葉的行道樹，嫩綠的色調讓人心情也跟著明亮了起來；五色鳥響亮的求偶歌聲，提醒我們夏天腳步近了；秋天河口的雁鴨是遠來的嬌客，豐饒的濕地是招待牠們的盛宴；冬天的落葉樹少了葉片的遮掩，清晰的面貌表露無遺。每一場生命的邂逅，都是驚喜，都是無可取代的體驗。

Lesson
64

The 100 Essentials of Nature Lessons for Parents in Taiwan

親子共享的自然課。

一步一腳印

想要認識台灣的大自然，一定要勤於「出走」，走出家門口，一步一腳印，重新認識我們生長的土地。每一次出走不一定是長途旅行，有時家門外的公園、綠地就是很理想的選擇，日積月累仔細觀察周遭的生命，將不難發現家門外就有很好的自然課程。

以前曾經碰過家長詢問如何培養孩子對大自然的喜愛，他們也擔心孩子整天黏著電腦不放。其實想要改變這一切，最重要的是整個家庭的生活重心要加以修正，不要看電視，電腦的使用時間也要加以限制，多出來的時間可以飯後出外散步，或是親子一起閱讀，討論大家感興趣的題材。不能光是要求孩子改變，成人更要改變，才能一起找回親子共享的親密時光。

很多人都覺得天天散步是很枯燥、沒有變化的苦差事，其實一點都不然，散步時一定要打開自己的五官，眼觀四方、耳聽八方，感覺四周的變化，今天是否有風？風裡有無任何訊息？是乾燥還是濕潤？有無花香或其它氣息？聽聽看四周的聲響，有沒有不曾聽過的奇特聲音？循聲辨位，找找看聲音傳出的位置。發現自己不曾看過的植物，也可觸摸一下葉片的質感，記住它的特徵，再回家查閱書籍。這樣一步一腳印，還會枯燥無趣嗎？

其實許多人是不得其門而入，長期封閉自己的感官，自然什麼都感覺不到，什麼都無趣。一旦瞭解如何使用感官來觀察周遭的變化，每個人都會發覺樂趣無窮、樂此不疲。

我很珍惜我所居住的山上社區環境，帶狗散步是我每天最快樂的時光，時時發現不同的動物出沒，總會帶給我莫大的驚喜。例如常見的鳩鴿類以珠頸斑鳩、綠鳩等居多，但這幾年又多了金背鳩，而且通常是成雙成對的。山上的台灣獼猴家族日益龐大，走在步道的樹林裡很容易和牠們不期而遇，充滿好奇心的小獼猴可愛極了，但為首的公猴警戒心極強，只能遠觀而不可褻玩焉，不過還是有一些比較大膽的公猴會對狗狗做出威嚇的動作，但我家不知天高地厚的狗狗根本不會害怕，還以為獼猴是邀請牠們一起玩耍。每天都有不同的插曲發生，讓散步變成最有趣的探索之旅，也讓我對家門外的世界充滿期待。

在草地上漫步的金背鳩，是十分容易觀察的對象。

開啟的感官，聽聽聲音、聞聞味道，自然充滿樂趣。

Lesson

65

The 100 Essentials of Nature Lessons for Parents in Taiwan

親子共享的自然課.

至愛的尋覓

"Only if we understand
can we care
Only if we care
will we help
Only if we help
shall all be saved"

~ Dr. Jand Goodal ~

黑猩猩是珍古德博士的生命至愛。

以前有位作家曾經形容每個人都是缺了一個角的圓，尋尋覓覓，只為找到生命的缺角，但有的不是太小，要不就是太大，過程中總是傷痕累累，只有尋到大小剛好的至愛，生命才會是一個圓滿的圓。

其實至愛不只是狹隘地侷限於人類的伴侶，生命最重要的缺角也可以是目標、或是最想做的事。以舉世聞名的珍古德博士來說，她的生命至愛就是黑猩猩，就是自然保育工作，就是她極力推廣的「根與芽」運動。

從許多相關著作之中，我們可以知道珍古德博士的尋覓過程一點都不簡單，從英國來到非洲肯亞，李基博士提供她千載難逢的研究機會，若不是知她甚深的母親一路相伴，她大概也無法完成夢想，進而影響世人關注黑猩猩的困境。

以『希臘三部曲』聞名於世的英國作家杜瑞爾，他的夢想始於童年時的小小火柴盒，蒐羅昆蟲的熱情轉化為拯救瀕臨絕種動物的澤西動物園，他以他的筆影響了無數的讀者，讓許多沒有聲音、沒有投票權的動植物終於被人們看見。如今杜瑞爾雖已過世，但澤西動物園依舊默默扮演推廣自然保育觀念的角色，繼續影響許多人以及他們的下一代。

著名的生態學家威爾森，終其一生研究螞蟻，對螞蟻的熱愛讓他與研究同伴成功地揭露不為人知的社會性昆蟲生活真貌。近年來更關注於熱帶雨林的危機，提出生物多樣性的觀念來做為自然保育的重要基石，從而贏得了「生物多樣性之父」的美譽。

我們每個人都可尋覓至愛，目標也可大可小，因為重要的是尋覓的過程，以及內心的自覺，一旦找到至愛的目標，力量自然就會出現，因為唯有完成至愛的追尋，短暫的生命才有意義。

出版自然書籍是我的至愛，透過書本做橋樑，讓更多人聽見自然的聲音。過程之中有幸認識了許多作者，每一位都有他(她)至愛的目標，無論是寫作、攝影或插畫，或是蟲魚鳥獸等不同的題材，每一本書的出版都是努力的痕跡，努力將我們的至愛傳播出去，才能影響更多的人看見自然、關愛自然。

戴昌鳳教授致力於摯愛的海洋與珊瑚礁研究。

朱耀沂教授著有許多昆蟲書籍，為他最愛的蟲子發聲。

Lesson 66

The 100 Essentials of Nature Lessons for Parents in Taiwan

親子共享的自然課。

不同的旅程

對於大多數人而言，每天走一樣的路、坐一樣的車、看一樣的風景，日復一日，年復一年。平常生活沒什麼不好，但偶爾也可彎個岔路，或是向右轉、向左轉，說不定就在下一個轉彎角落看到不一樣的風景。

從小受教育的過程中，父母總希望孩子選擇的是一條最安全的路，成績優異，考上好學校，大學科系的填寫也以未來職業為藍圖，所以台灣熱門的科系永遠與熱門行業同步。但真的只能這樣嗎？受教育的目的是為了日後的就業嗎？

西方國家的父母與東方差距極大，或許也可做為參考。西方的大學教育十分昂貴，並不是每一家庭都能負擔，在上大學前，許多即將成年的高中畢業生會選擇一邊打工、一邊旅遊，出走是為了磨練自己、尋覓目標，等到確認自己想要唸的科系才會開始申請大學，但也有很多年輕人找到其它目標，開始工作或是學習一技之長，一樣可以一展長才。

大自然原本就是多樣的，沒有任何生物會受限於單一的生存方式，生命總會找到自己的出路。像是我認識多年的植物插畫家林麗琪小姐，原本單純的家庭主婦生活，偶然機會下開始學習繪畫，於是內心的熱情被點燃了，每天最快樂的時光就是帶著狗狗莉莉上山畫圖，她把生活周遭的植物、小動物一一用畫筆記錄下來，完成了最美麗的生活日記。

還有原本唸大氣科學的林維明先生，因為始終無法忘情對植物的熱愛，多年自行摸索相關知識並勤於野外賞蘭，如今已儼然成為台灣野生蘭的專家，並持續參與野生蘭的知識推廣與保育工作。

我的工作讓我有機會接觸許多充滿熱情、忠於自我追尋的特殊作者群，他們不見得擁有高知名度，或是家財萬貫，但他們最大的特點就是走出跟別人不一樣的路，旅程不同，看到的人生風景自然也大不相同。何妨聆聽一下內心真正的聲音，堅持走自己的路。

林麗琪用畫筆一筆一筆記錄她身邊的美麗大自然。

林維明一直在為野生蘭的知識推廣與保育工作而努力。

熱愛鳥類觀察的吳尊賢對鳥類瞭解鉅細靡遺。

Lesson

67

The 100 Essentials
of Nature Lessons for
Parents in Taiwan

親子共享的自然課。

知識寶庫

大自然是知識的寶庫，各式各樣的生態環境，變化多端的生命型態，以我們短暫的一生，恐怕終其一生也只能學習到皮毛罷了。但幾千年、幾百年的知識累積，從古文明到博物學蓬勃發展的年代，無不記錄了人類瞭解自然的軌跡，一點一滴彌足珍貴，而未來大自然的知識更可能成為攸關地球生物圈生存的關鍵所在。

世界著名的保育學者洛夫喬伊曾說：「地球上生物的多樣性，代表了驚人的智慧資源，是建立生命科學的基本圖書館。生物多樣性的喪失，就如同焚燒全球唯一的一本書，是反智慧的行為。」大自然是活生生的圖書館，不僅提供許多人類生存的必要知識，事實上我們根本無法脫離大自然而獨活。

大自然裡蘊藏了豐富無比的糧食種類與基因，還有更多的醫藥原料與可利用的生物資源等，像是近代醫學的長足進步，如抗生素的問世、抗癌藥物的研發，無不源自於大自然的知識與素材。

威爾森在其著名的『繽紛的生命』一書中寫道：「裹在全然的漆黑夜裡，伸手不見五指，我不由自主地神遊雨林間，…樹林裡的生命不用想也是豐盛富饒的，叢林充滿盎然的生命，已超乎人類所能瞭解的程度。」雖然人類已經可以登陸月球，探索外太空，但對於我們的地球家園卻還有太多不解之謎，小如針尖的一小撮泥土裡，可能就有上千種細菌，但大多數是我們不認識的種類。

大自然是我們的生命寶庫，也是最珍貴的知識百科全書，喪失任一生態系以及生活其間的生物物種，都將是全人類無可彌補的損失，就像是還來不及閱讀，百科全書的內頁卻已一一脫頁損毀了。

Lesson

68

The 100 Essentials of Nature Lessons for Parents in Taiwan

親子共享的自然課。

自然行腳

想要體驗自然之美，唯一的途徑就是走入自然，第一手接觸，無論是樹木、野花、野鳥、昆蟲或是海邊、濕地、森林，都會帶給人們難得的心靈悸動以及美感經驗，自然旅程是無可取代的，也不是觀賞電視紀錄片可以替代的。

近年來台灣的保育團體日趨成熟，不論是賞鳥、賞蝶、賞蛙、賞蟲或賞樹，都有專業解說員現場導覽的活動，讓更多家庭的成員可以一起在假日接觸自然，享受自然的美好。如果行有餘力，也可參加國外的生態旅遊，如非洲的動物大遷徙、婆羅洲的熱帶雨林、尼泊爾的賞鳥行、印度的生態旅行等，都是十分特殊的自然旅程，加上當地的自然生態豐富，可以飽覽許多難得一見的動植物，是目前方興未艾的新旅遊方式。

2007年8月為了慶祝父親八十大壽，於是將一家老小共計16人全部帶到婆羅洲的丹龍谷保護區，雖然行程不時遭到螞蝗侵擾，但瑕不掩瑜，精彩的熱帶雨林生態讓人目不暇給，特別是可以走在雨林樹冠層上的樹橋，壯觀的樹海盡收眼底，還不時聽到長臂猿以及犀鳥的叫聲，時至今日，全家人依然津津樂道，難以忘懷，而旅途的辛勞和疲累早已忘得一乾二淨。特別是家裡的第三代最喜愛類此的生態旅遊，每個人都拿著相機猛拍，就連吸血吸得飽飽的螞蝗也嚇不了他們，還戲稱螞蝗是他們的「歃血兄弟」。自然行腳的點點滴滴讓人回味無窮，而親身體驗雨林之美，以及親眼見證雨林砍伐的慘狀，相信在每個人的心裡都烙下不可磨滅的印象。

尼泊爾的奇旺保護區是我另一次難忘的旅行，旅途一樣遙遠而辛苦，但抵達之後宛如置身天堂，一點都不會想家。白天騎著大象到叢林裡尋找老虎、犀牛的蹤跡，或是坐著獨木舟賞鳥，也可穿越森林步道欣賞山鳥，晚上點油燈吃晚餐更是別具異國風味。林子裡的小木屋簡單而舒適，特別是半夜傳來的滂沱雨聲，打在茅草屋頂格外美妙，隔一天才發現根本不是雨聲，而是夜裡森林的水氣凝結成水滴的滴落聲，真是難以想像。

自然行腳親身體驗大自然的奇妙與美麗，每一次旅程都是最好的學習之旅，地球的豐盛生命面貌盡收眼底，怎能不心生感激？怎能不謙卑？

親子共享的自然課。

傾聽自然的聲音

白頷樹蛙

Polypedates braueri

澤蛙

Fejervarya limnocharis

Rana guentheri

貢德氏赤蛙

春天清晨四、五點，天色尚且昏暗，窗外卻傳來婉轉清脆的求偶歌聲，是誰如此心急，迫不及待趕在所有聲音登場之前搶到頭香？原來就是急性子的台灣紫嘯鶇，一向粗獷的叫聲，為了吸引雌鳥，竟成為清晨的天籟之聲。站在屋簷角落高歌一曲的雄鳥，完全不曾察覺有人竊聽，專注深情的歌聲讓人為之熱淚盈眶。每年的春天，我都衷心期盼窗外再度傳來台灣紫嘯鶇的歌聲。

每天清晨和黃昏，呼嘯而過的成群綠繡眼，快速的飛行總伴隨著輕快節奏的口哨聲，讓人心情隨之輕快不少。真想知道綠繡眼竊竊私語些什麼，是「山櫻花開了，趕快去吃花蜜了！」，還是「快！快！遲了一步就沒了！」，每每看著牠們迴旋的身影，思緒也隨之飛上天空。小彎嘴畫眉是另一群聒噪的野鳥，個性大膽，加上五官分明的長相，總讓人無法不看見牠們。特別是結滿果實的樹上一定找得到牠們，一邊大快朵頤，一邊發出滿意的「霍依．霍依」鳴聲，牠們的快樂是如此真實。

天氣放晴的上午，大冠鷲順著熱氣流盤旋而上，一邊發出「呼悠…呼悠…呼悠…」鳴叫聲，嘹亮的鳴聲引人遐想，真想看看鷹眼裡的世界，翱翔天際，往下俯瞰，一切都那麼渺小，無怪乎猛禽總有種懾人的氣魄。

夏天夜裡的蛙類大合唱，熱鬧滿盈，有種辦桌喜慶的歡樂氣氛，不論是澤蛙合唱團「呱．呱．呱」奏鳴曲，夾雜著斯文豪氏赤蛙的「啾」鳥叫聲，還有白頷樹蛙的敲竹竿，以及突如其來貢德氏赤蛙的狗吠聲，這一場場高調的蛙蛙婚禮，不論是蛙類，或是旁觀的人類，盡皆賓主盡歡。

偶爾晚上出外散步，一切寂靜無聲，好像少了什麼，也難怪瑞秋．卡森會以「寂靜的春天」(Silent Spring)做為書名，那樣的世界是不正常的，也是不可能的，但如果我們繼續輕忽環境危機，有一天可能就變成了鳥不語、蛙不鳴、蟲不叫的可怕世界。仔細傾聽來自大自然的聲音，聽得到大自然的心跳，每個人都可成為能夠與蟲魚鳥獸溝通的杜立德醫生。

紫嘯鶇為了吸引雌鳥，求偶叫聲像是清晨的天籟之聲。

綠繡眼輕快節奏的叫聲，讓人心情隨之愉悅。

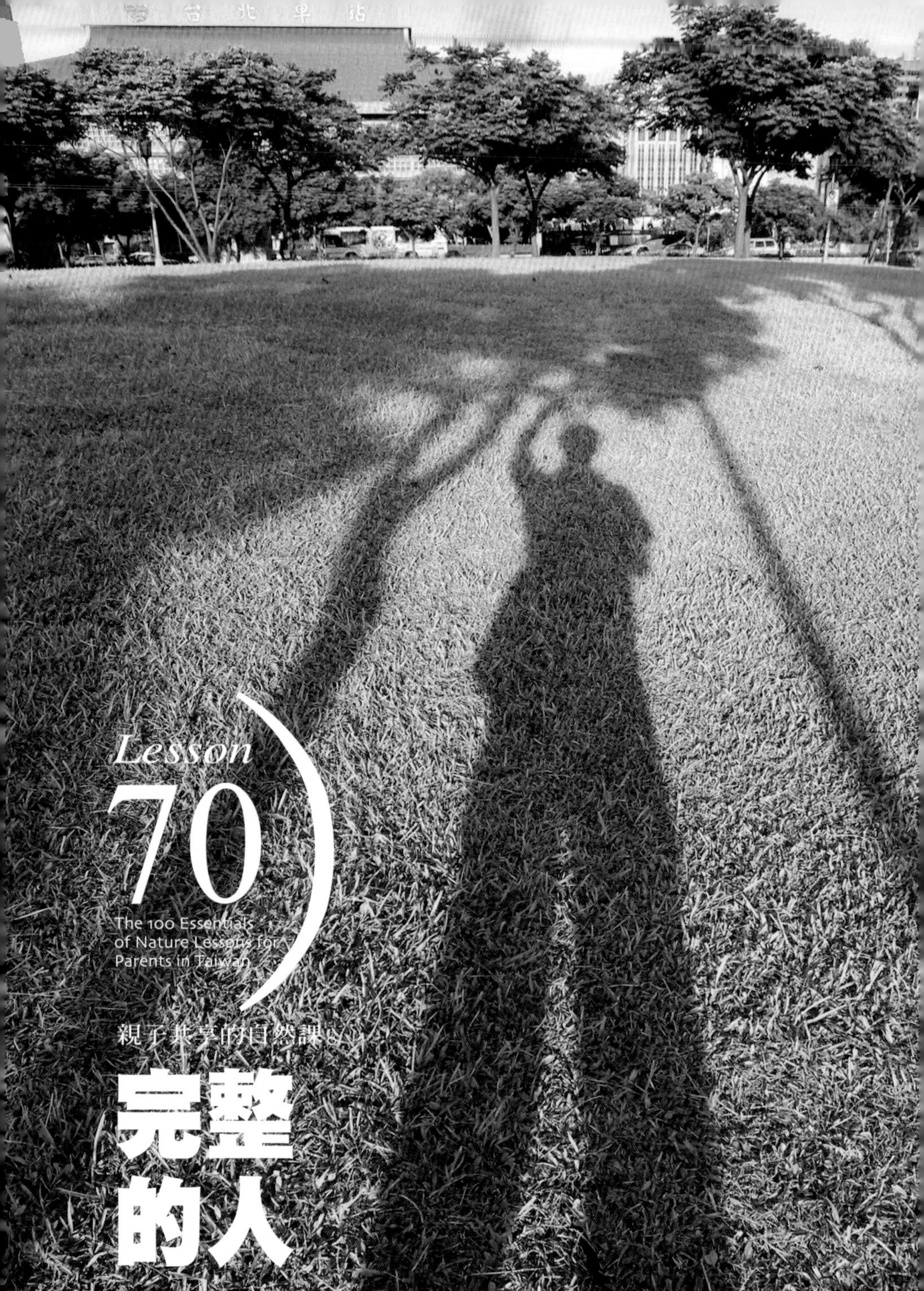

Lesson 70

The 100 Essentials of Nature Lessons for Parents in Taiwan

親子共享的自然課

完整的人

既已生為人，有幾樣基本需求是不可避免的，例如足夠的食物、飲水、衣物以及遮風擋雨的房子，超過這些以外的需求是生活的享受或樂趣，一旦過度就成了奢侈。近年的氣候異常讓節能減碳成為主流，節制自律的簡單生活是人類的共識。

以往為了經濟成長，不斷刺激消費，生產大量廉價商品，也製造了難以解決的垃圾問題。人類為此已付出龐大的代價，同時也對地球生態系造成極大的危害，我們一定要改變，改變的每一小步都將影響以後每一代人類的生存。

除了我們的生活方式要改變，對於下一代的教育更要費心，因為以後的環境條件只會更加嚴苛。關注環境的變化，對環境友善，關愛生命，是每個「完整的人」的基本要求。

人的生命教育在於養成懂得付出與愛心靈，而且愛護的對象不是狹隘地僅限於人類，天生萬物都值得珍惜。人類最可貴的就是擁有同理心，所以看到日本地震海嘯的大災難，我們會感同身受，想要伸出援手幫助他們。對待人類的同理心如果加以延伸，我們也會不忍多少生物流離失所，只為砍伐雨林來栽種油棕或畜養牛隻。

一個完整的人 定擁有敏銳的感受力，對於周遭的生命都會加以關愛，即使微小如蟲蜉，也一樣關心。對於環境議題的關注，生活上自然會選擇低耗能的方式，從食衣住行一一實踐。

人類比其它生物幸運的地方是在於我們還有選擇權，多少生態浩劫讓生命轉眼盡成灰燼，但它(牠)們何嘗可以選擇？在一切都還來得及之前，做出抉擇，選擇當一個完整的人，負起應負的重責大任，讓每一塊土地都是所有生命永續的家園。

走向戶外，徜徉在大自然的懷抱裡，感受生命的律動。

觀察自然，瞭解自然才能進 步愛護自然。

參與環境運動都是對我們生活的環境負責任。

忙碌喧鬧的菜市場，
滿坑滿谷的食材提供庶民生活所需。
選擇當令蔬果，用心飲食，
在地食材在地消費，
採買食物也能為環境保育盡一份心力。

上菜市場～
學自然。

The 100 Essentials of Nature Lessons
for Parents in Taiwan

Lesson

71

The 100 Essentials of Nature Lessons for Parents in Taiwan

上菜市場學自然。

在地食材 在地消費

「吃」是每天的大事，一天三餐，到底該吃些什麼？怎樣吃是既健康又對環境友善？可惜大多數人對於吃進肚子的食物根本不關心，不再注意食材來自何處，有時根本不知道自己在吃些什麼。

世界貿易的發達以及經濟的急速成長，讓都市人「要什麼有什麼，不管在一年中的哪一天」，於是許多奇特的異國食材耗費大量能源，坐飛機或搭輪船，遠渡重洋只為滿足口腹之慾。為了讓食材維持新鮮度，整個旅程全部低溫或冷凍運輸，能源耗損難以計數。即使處理的技術再發達，食材本身的營養成份一樣會隨著時間而衰退，於是耗費了大量能源長途跋涉運到我們的手上，吃下肚的卻是營養不良的食物。這也是珍古德博士等人提出「吃在地、吃當季，用飲食找回綠色地球」的價值核心所在。植物在不同的土壤、水質或氣候等環境條件下生長，一定會有微妙的不同，吃自己居住環境附近生產的食材，新鮮採收的營養成份保留完整，當然對身體比較好，也不用耗用任何運輸的能源，在地消費又可幫助當地的農民，何樂不為？

以前物質匱乏的年代，反而我們吃的都是當季在地的食物，如今大家生活改善，吃的食物卻變得毫無滋味，更失去了在地特有的季節感。以台灣的先天優異條件而言，我們的農業技術發達，氣候溫暖，一年四季都有不同的豐富蔬果上市，如果大家都堅持「在地食材在地消費」的選擇原則，即使WTO要求農產品全面開放市場，進口的蔬果也只能無功而返。

以現在的農業技術而言，全世界生產的食物理應可以將全地球的人類餵得飽飽的，聯合國的世界糧農組織也評估當前的食物生產可以滿足預計在2030年增至八十億的人口，但是事實卻是每年依然有多達八億的人口長期處於饑餓狀態，整個產銷的問題是嚴重失控而且值得檢討的。

「在地食材在地消費」的背後代表的是支持台灣在地的農民，保護在地的農作物，保存每一地區農作物的多樣性，發展永續經營的農業，這些都是我們賴以生存的傳家之寶。

麵包果是花東地區市場裡的獨特食材。

現捕的新鮮鬼頭刀在花蓮的魚市場現地販售。

Lesson

72

The 100 Essentials
of Nature Lessons for
Parents in Taiwan

上菜市場學自然。

帶環保袋上市場

使用塑膠袋似乎已經成了習慣，無法停止使用。

台灣的石化工業發達，生產了大量的廉價塑膠產品，於是上菜市場不必像以前的婆婆媽媽們總是提著自己的菜籃，菜販或肉販早已習慣用塑膠袋裝食材，如果不夠還會多送客人幾個。一趟菜買下來，每個人至少都耗用數十個塑膠袋，換算下來，一年光是買菜，一個人就會用掉數字驚人的塑膠袋。也難怪台灣的垃圾山滿是塑膠袋，掩埋再久也還是塑膠袋。

記得小時候幫媽媽買豬肉，肉販包豬肉用的是姑婆芋的葉片，綁上鹹草，就可以一路拎回家。這些包裝素材都是天然的，根本不會製造垃圾問題。買醬油或油，家家戶戶都要自備玻璃瓶到雜貨店，以稱斤兩的方式購買。玻璃瓶在當時是昂貴而稀少的，絕對不會任意丟棄。以前的環保生活方式，在生活獲得改善後竟然消失得無影無蹤，真不知究竟是進步還是退步？

為了要減少塑膠袋的使用量，每個人可以做的就是帶環保袋上菜市場，現在家家戶戶都有許多製作精美的環保袋，既耐用又可洗滌，即使不慎弄髒了也無妨。

除了環保袋之外，最好也能帶保鮮盒來裝肉或魚等有汁液的食材，蔬菜和水果則可直接放入環保袋內，不需再裝入透明的塑膠袋，否則還是一樣會耗用塑膠袋。

雲南用稻草包裹販售的雞蛋，可以瞧見環保的智慧。

改變生活習慣絕非易事，畢竟我們都是慣性的動物，常常習慣性地遺忘，忘了帶環保袋好像比帶環保袋容易多了。不過記得常常提醒自己，日積月累，慢慢就會改變，改變之後也會發現沒什麼不方便，習慣就好了。許多人可能會認為光是我改變有什麼用，世界上還有那麼多人使用塑膠袋，但是每一個改變都是從一個人開始的，沒有第一步還奢求什麼改變？我們每個人所能做的就是從自己做起，即使一個人只能減少幾個塑膠袋，但若乘上千、萬人的話，數字是十分驚人的。

自備環保袋和保鮮盒上菜市場，是改變的第一步。

一年光是買菜，一個人就會用掉數字驚人的塑膠袋。

Lesson 73

The 100 Essentials of Nature Lessons for Parents in Taiwan

上菜市場學自然。

應時的食物

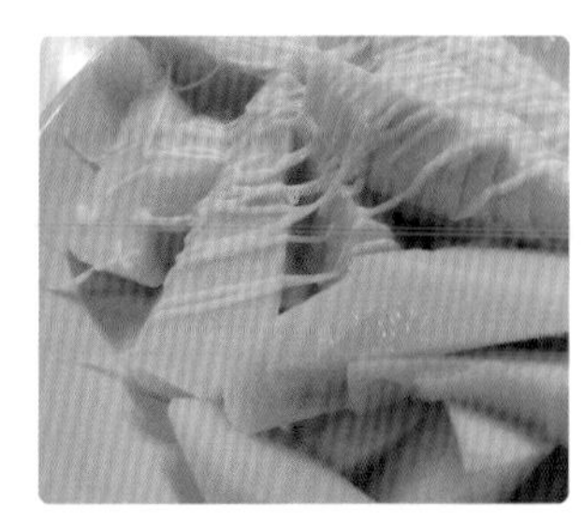

涼拌綠竹筍是夏天的美味食物。

琳瑯滿目的食材擺滿菜攤上，到底該如何挑選所謂「應時的食物」？其實最簡單的就是看產量和價錢，一般而言，當季的食材一定會集中上市，因此一定價廉物美。加上傳統市場多有自種自銷的農民，常與他們聊天，也會增加這方面的常識。

從小就很愛陪媽媽上菜市場，媽媽對食材的品質有天生的敏銳，幾乎她挑選出來的菜販、果販或賣魚、賣肉的，一定是菜市場裡品質最優異的，而且也一定是在地的。我很喜歡在旁邊幫忙拎菜，最愛看的是賣魚的攤子，每一季都有不同的魚種，各式各樣的長相，讓人目不暇給。時至今日，媽媽依然愛上傳統市場買菜，周末的菜市場也成為母女必遊之地。

應時的當地食材一定是新鮮採收，滋味自然大不相同。台灣四季都有不同的應時蔬果，以選擇性而言，我們確實是非常幸運的。像一般溫帶國家在冬天幾乎沒什麼蔬果種類可以選擇，但台灣冬天卻盛產各種十字花科的蔬菜，如高麗菜、大白菜、蘿蔔等，還有各種葉菜可供選擇，如茼蒿、青江菜、芥菜、小白菜等，都是既便宜又好吃。

夏天是瓜果的盛產季節，絲瓜、瓢瓜、小黃瓜、冬瓜等都是食慾不振的炎熱季節最好的選擇。此外，空心菜、川七、皇宮菜、秋葵、莧菜、龍鬚菜、菜豆、四季豆、青椒、茄子等，都是族繁不及載的夏季蔬菜首選。

而整年都有不同種類上市的筍類，更是台灣得天獨厚的食材，從4月份開始上市的桂竹筍揭開序幕，到5、6月份延續整個夏季的綠竹筍，以及冬季才上市的冬筍，還有碩大鮮美的麻竹筍等，無不都是季節的美味。

應時的食物才能建立恆久的味覺記憶，也是土地與人不可分割的依存關係。不要小看每一口我們吃進去的食物，因為它將決定我們生活環境的樣貌。

蓮霧也是台灣季節性的好吃水果。

見到小管上市，就知道逐漸進入夏天了。

依照季節，都有各種新鮮的當令蔬果輪流上市。

Lesson

74

The 100 Essentials of Nature Lessons for Parents in Taiwan

上菜市場學自然。

海洋牧場

海鱺魚是澎湖箱網養殖的重要經濟魚種。

台灣是個海洋國家，四面環海，海岸線長達1600多公里，西海岸面向台灣海峽，春夏季有北向的黑潮支流，秋冬則有南向的沿岸流。東海岸面向西太平洋，有黑潮主流經過。以這樣的海洋環境，我們的近海漁獲或沿岸漁業應足以提供食物所需，但事實上台灣大概有七成以上的漁獲是來自遠洋漁業。

為了因應漁船過多以及漁業資源日益匱乏的問題，近年來政府引進日本相當成熟的「海洋牧場」技術，以人為放流大量的魚、蝦、貝類等種苗，來改善海域的環境，使其在大海中自然成長，以增加海洋的生物量，同時做適當且合理的漁獲採收，以確保永續維持海洋的資源量，最終目標當然是要解決海洋資源匱乏的問題，並持續提供豐富的漁獲。

此外，澎湖發展的箱網養殖產業結合觀光成為另一型式的「海洋牧場」，也頗具成效，不僅帶動當地的觀光，也有豐富的漁獲提供台灣的水產品市場。澎湖的海上箱網養殖技術是引進自日本，採小型箱網的高密度養殖，飼料以雜魚為主，目前養殖魚種以海鱺、紅甘和嘉鱲魚為主。

箱網養殖是用網架、網、錨纜固定在海上，組成一個圓柱型或立體造型的立體空間，以PE管或塑膠作成浮筒、浮球或浮箱，底下設網，並定置在海上，魚類養殖於網內，網的孔目大小因魚的種類不同而有變化。

箱網養殖直接利用現成的海洋空間，不必像傳統的魚塭在陸地上挖掘魚池，再引進海水或抽取地下水，因此不會造成土壤鹽化或地層下陷的問題。

海鱺為多脂高蛋白的魚類，是澎湖海上箱網養殖的主要魚種。海鱺又名海仔或軍曹魚，是生長在溫、熱帶表層海域的海水魚，最大體型可達1公尺半，重50公斤以上。海鱺的成長快速，養殖一年即可達8公斤，肉質與口感極佳，現已成為澎湖的代表漁獲。

除了提供海鱺等漁獲之外，澎湖的海洋牧場也成為大家喜愛的觀光休閒去處，漁船載客來到箱網養殖的定置處，讓遊客親自體驗釣魚的樂趣，是近年來最受歡迎的海洋活動之一。

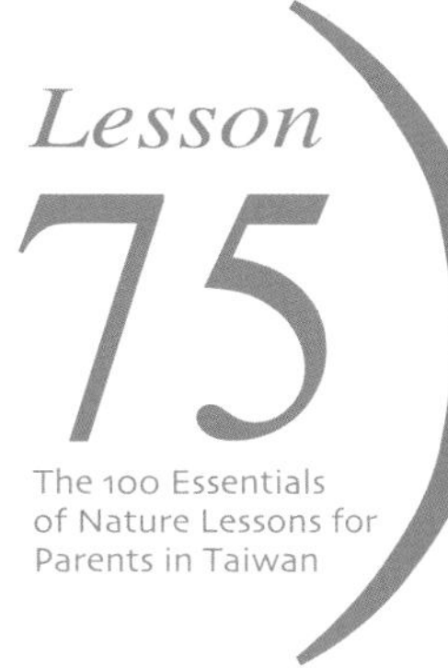

上菜市場學自然。

烏魚與烏魚子

烏魚是鯔科的魚類，每年冬天寒流來襲之前，會往水溫較高的海域游動，同時也進行求偶。

烏魚分佈於全世界的溫帶與熱帶海域，每年冬天會洄游至台灣附近海域產卵，農曆冬至前後一個月的時間，是一年一度為漁民帶來「烏金」的重要季節，而母烏魚身上的卵巢更是珍品「烏魚子」，讓台灣很早就發展出生產烏魚子的相關產業。

烏魚是鯔科的魚類，每年冬天寒流來襲之前，會往水溫約攝氏20度左右的海域游動，同時也進行求偶，不過公烏魚的求偶競爭激烈，因為公母烏魚的數量比例約為十比一，激烈的求偶過程常使烏魚傷痕累累。烏魚大批出現於台灣海域附近，會分兩三批向南洄游，通常向南游的烏魚都尚未產卵，是漁民最期待的「正頭烏」。每一隻烏魚都脂肪充盈、肌體豐肥，不僅僅烏魚子豐美，就連公烏魚的烏白（精巢）或是烏魚的胃囊，都是冬季美食。

台灣冬天盛行東北季風，季風雨通常下在新竹以北，台中以南的地區白天豔陽高照，空氣乾燥，加上晚上的低溫，形成製作烏魚子的絕佳天然條件。不過現在市面上看得到的烏魚子，除了高單價的野生烏魚子外，大多是養殖的產品，有來自中國、巴西或美國等不同地區。

不過近年的全球暖化讓海水溫度上升，中國沿岸的冷海水變得較為偏北，因此烏魚不再游到台中以南，南部的漁民只能往北到台中以北的海域等待烏魚的到來。此外中國的漁民也加入撈捕烏魚的行列，讓台灣的烏魚及烏魚子產量大幅衰退。

烏魚的豐收是漁民冬季的重要收入之一，但大自然的變化終究是難以預料的，以往每年冬天必定報到的烏魚，由於信守約定，所以又被稱為「信魚」。但是現在的海洋環境已經改變，正考驗著我們與烏魚的約定能否持續，以重新找回屬於台灣的烏金歲月。

一片片黃褐色烏魚子是台灣的高檔食材。

上菜市場學自然。

珊瑚礁魚類

台灣人愛吃海鮮，不僅街上海產餐廳林立，就連菜市場裡的魚攤也琳瑯滿目，魚種之豐富讓人目不暇給，但很少人想到吃海鮮也有環保與生態責任。一向多產的海洋也遠不及人類口腹之慾的黑洞，永無止盡的漁撈以及日益進步的漁業技術，將大海裡的魚類大小通吃。於是能夠存活至繁衍下一代的成熟魚類大幅減少，漁獲自然也日益減少。

除了遠洋漁業的漁獲之外，近海漁獲是以洄游漁獲和珊瑚礁魚類為主。珊瑚礁魚類又稱為海水熱帶魚，台灣附近海域約有2千餘種的珊瑚礁魚類，其中以台灣南部墾丁、綠島和蘭嶼海域為魚種最豐富的海域，數量最多的包括隆頭魚科、雀鯛科及蝶魚科的種類。珊瑚礁是魚類生命的搖籃，許多魚種在此產卵，幼魚在珊瑚礁的庇護下成長，才能補充源源不絕的魚類。

珊瑚礁魚類的體態變化萬千，色彩鮮豔奪目，珊瑚礁魚類是珊瑚礁裡的嬌客，為珊瑚礁生態系增添許多動態之美。大多數的熱帶魚類具有獨特的體色或圖案，有些魚種的體色或圖案會隨著成長而變化，不同性別之間可能有很大的差異。這些珊瑚礁魚類小時候是一個模樣，成長過程會換上不同的外衣，性成熟時又會換上別致鮮豔的彩衣。

有些珊瑚礁魚種可以隨著環境的改變而變化體色，例如中國管口魚在受到驚嚇時，會迅速變換體色；石狗公和比目魚會隨著棲息環境的不同而改變體色，用來隱蔽形體，具有保護的功用，也便於捕食其它小魚。另外，有些珊瑚礁魚類的色彩非常鮮明而突出，可能具有警告的作用。

珊瑚礁礁石表面的大型海藻和絲狀藻提供草食性魚類充裕的食物，如鸚哥魚、隆頭魚、刺尾鯛等，這些草食性魚類每天吃下大量藻類，避免海藻過度生長、覆蓋珊瑚，也有助於維持珊瑚礁的健康狀態。

一般珊瑚礁魚類多以魚鉤釣取或潛水捕捉，正常狀況下是不致危害珊瑚礁生態，但也有人以炸藥或毒藥為之，導致整個珊瑚礁生態的瓦解，是殺雞取卵的不智行為。幸而台灣已少有類此狀況發生，如今比較嚴重的反而是觀光遊憩對珊瑚礁造成的破壞，以及珊瑚礁漁獲的大量需求。

根據調查，光是墾丁的海產店1年就吃掉3萬公斤珊瑚礁魚類，以前乏人問津的鸚哥魚，如今漁獲一少，反而大受歡迎。除此之外，蘭嶼與綠島的珊瑚礁魚類也面臨類此危機。自然資源如果不善加管理的話，一樣會有匱乏的一天。

珊瑚礁魚類面臨到過度漁撈的壓力。減少食用珊瑚礁魚類，才能確保其不致滅絕。

上菜市場學自然．

Lesson

77

The 100 Essentials of Nature Lessons for Parents in Taiwan

蘇眉與石斑

蘇眉魚是隆頭魚科的魚類，也是世界最大型的珊瑚礁魚類，棲息於珊瑚礁底層，最長可達2公尺以上。（底圖攝影／吳立新）

美麗的珊瑚礁魚類，除了面臨海水暖化導致珊瑚礁大量死亡的危機之外，還有因市場需求而大量捕撈的壓力，導致成魚日益稀少，嚴重影響珊瑚礁的生態。其中尤以華人的需求最為驚人，包括中國、香港與台灣等，嗜吃珊瑚礁魚類已使海洋生態亮起紅燈，其中蘇眉和石斑便是最具代表性的魚種。

蘇眉魚(Humphead Wrasse, *Cheilinus undulatus*)是隆頭魚科的魚類，也是世界最大型的珊瑚礁魚類，棲息於珊瑚礁底層，最長可達2公尺以上，成年後全身呈現漂亮的金屬藍色，並有突出的嘴唇和隆起的頭部，一般壽命可超過30歲以上。主要產於婆羅洲北端、帛琉與斐濟附近的海域，是帛琉的國寶魚，潛水餵食蘇眉魚是帛琉旅遊的熱門活動之一。

蘇眉魚過去一直都是東南亞的重要經濟魚種，由於過度捕撈與珊瑚礁棲地遭受破壞，蘇眉魚已瀕臨滅絕的危機，目前「世界自然保育聯盟」的紅皮書將其列為瀕危物種，2004年年底也列入「華盛頓公約」附錄二的保育物種。

美味的蘇眉魚是華人饕客口耳相傳的海產珍饈，也是目前市面上最昂貴的珊瑚礁魚類之一，正因為數量稀少，價格越飆越高，於是獵捕壓力越大，饕客也越趨之若鶩。大多數的研究結果顯示，蘇眉魚的種群數量正因漁獲的熱絡交易而逐漸減少，銳減的比例一度高達90%。

很多蘇眉幼魚根本還沒有達到繁殖年齡即已遭到捕獲，造成能夠繁殖的成魚越來越少，而不當的捕撈方式不只威脅蘇眉魚的生存，也危害到脆弱的珊瑚礁生態系。為了保護蘇眉魚，並讓原產地的存活數量有機會恢復，我們有責任拒吃這種保育魚類，並應廣為宣傳，讓更多人知道蘇眉的現況。

野生石斑的現況也與蘇眉類似，牠們同樣屬於成長緩慢的大型珊瑚礁魚類，野生數量已大幅減少。石斑魚在台灣為高經濟價值的魚類，不過幸而台灣的養殖技術已有20餘年的發展歷史，可以大幅降低捕撈的壓力。目前市場上所見的石斑魚幾乎都是人工養殖的，年產值高達二十多億台幣，全世界的佔有率高達四成以上。以養殖取代捕撈，留給野生石斑一絲喘息的空間。

石斑魚也是大型魚類，是老饕口中的珍饈。

台灣的養殖石斑魚技術已有20餘年的發展歷史。

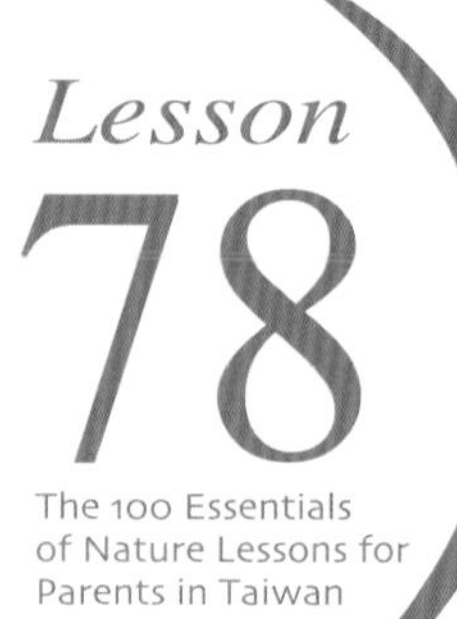

上菜市場學自然。

鮑魚與九孔

九孔螺

盤鮑螺

鮑魚螺

鮑魚與九孔是海洋裡的軟體動物，屬於單殼的貝類，喜歡生活在海水清澈、水流湍急、海藻叢生的海底多岩石處，以攝食海藻和浮游生物為生。

華人愛吃海鮮，海洋生物看在大家的眼裡，只有兩種分類，即可吃與不可吃，可吃的海洋生物都是食物，但是市場的熱絡需求確實已危及許多海洋生物的生存，現在提倡的「永續海鮮運動」是希望在需求與生存之間找到可行的方式，海鮮不是不能吃，但應該要加以選擇，以常見的取代稀有的，以養殖的取代野生的，以小型的取代大型的，以洄游漁獲取代珊瑚礁漁獲，相關的資料在國立海洋生物博物館的網頁以及其它保育團體都查得到。

以鮑魚為例，鮑魚一直是傳統的名貴食材，宴客的菜單上幾乎都少不了鮑魚的料理，否則就不夠隆重。但多年的濫捕與缺乏法令的約束，已使野生鮑魚的產量日益稀少，以往品質最優的墨西哥車輪牌罐頭鮑如今已是一罐難求，不僅價格飆漲，山寨版的罐頭也多到不可勝數。還有原本數量豐富的南非網鮑，因為華人市場強大需求，多年的非法捕撈和貿易已使南非網鮑面臨生存危機，迫使南非政府不得不全面禁捕南非網鮑，只不過走私依然猖獗。

鮑魚是海洋裡的軟體動物，屬於單殼的貝類，喜歡生活在海水清澈、水流湍急、海藻叢生的海底多岩石處，以攝食海藻和浮游生物為生，分佈遍及太平洋、大西洋和印度洋等大海，分佈於冷涼海域的鮑魚體型較大，熱帶海域的則體型較小。鮑魚的殼堅硬厚實，形狀既扁且寬，有點像是人的耳朵，所以又稱為「海耳」。殼的背側有一排突起的孔，通常有4至5個，海水就從這裡流進排出，是呼吸、排洩和生殖的重要構造。鮑魚的外殼表面粗糙，呈深綠褐色，有黑褐色斑塊，但殼的內側則呈現紫、綠、紅、藍、白等鮮豔色澤。

鮑魚以肉足吸附於岩石上，白天經常一動也不動，但夜晚覓食或活動時會在礁棚或洞穴間爬行，每分鐘約可行進2至3公尺，平均一個晚上會移動3公里左右。由於肉足的吸著力驚人，想要採捕野生的鮑魚非常不容易，必須趁其不備迅速用鏟子鏟起或將其掀翻，否則即使砸碎鮑魚的殼，也不可能將鮑魚從岩石處取下，因此野生鮑魚的價格一直居高不下。

現在許多國家都在發展鮑魚的人工養殖，如日本、韓國、澳洲、南非及中國等，著眼點即是龐大市場需求。台灣養殖的九孔也是鮑魚的一種，又稱為「台灣鮑」，屬於體型較小的種類，殼上的排水孔有6至9個，比鮑魚略多。九孔養殖在台灣已有30餘年的歷史，多集中於東北部、東部及離島澎湖一帶，但近十年來不斷發生幼貝不著床以及病毒感染等嚴重問題，產量銳減，現在已經很難吃到九孔料理。

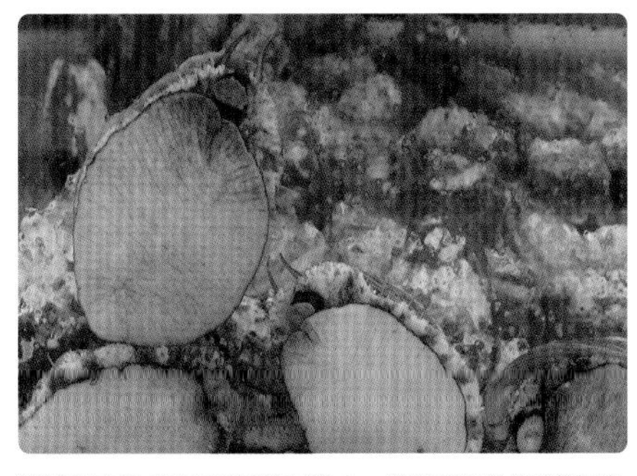

鮑魚與九孔肉足的吸著力驚人，讓牠們可以抵擋海浪。

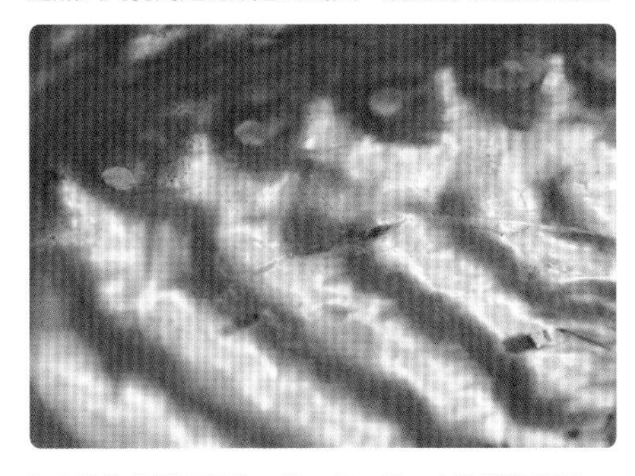

鮑魚殼的內側呈現紫、綠、紅、藍、白等鮮豔色澤。

Lesson

79

The 100 Essentials of Nature Lessons for Parents in Taiwan

上菜市場學自然。

龍蝦與螃蟹

龍蝦和螃蟹同屬甲殼類動物，也是台灣人喜愛的高級海鮮，大多數人都認得牠們的長相，但對於牠們的生活真貌卻知之甚少。

龍蝦的外形美麗，擁有兩條帶有棘刺的長觸角以及五對粗壯的步足，外觀神似傳說中的龍，因此才稱之為「龍蝦」。台灣北部、東北部和東部沿海的岩礁區，龍蝦的產量較多，但市場的需求遠超過野生龍蝦的產量，因此進口龍蝦十分普遍。分佈於印度洋、太平洋海域的龍蝦屬種類，在台灣的魚市場或海鮮餐廳幾乎都看得到，如中國龍蝦、錦繡龍蝦、波紋龍蝦、密毛龍蝦、長足龍蝦、雜色龍蝦、日本龍蝦、黃斑龍蝦等，大多生活於50公尺以內的淺海珊瑚礁。

龍蝦是群棲性的夜行性動物，白天多半藏匿於岩礁間，只有兩條長觸角伸出岩石外擺動，並且發出聲音，不過發聲的意義還不十分清楚，可能是群體間的通訊或是警戒之用。到了晚上6點以後，龍蝦開始成群結隊，集體覓食，也會沿著岩礁邊緣或平坦的海底，一隻接著一隻排成一縱隊移動，景象十分有趣。

龍蝦屬於肉食性動物，以貝類、小型蝦蟹、海膽、藤壺等為食，有時也吃藻類，甚至飢不擇食也會同類相殘。龍蝦的天敵除了人類之外，牠們最怕的是章魚，因為柔軟的章魚在岩礁間活動自如，可以輕易捕獲藏匿其間的龍蝦。

龍蝦的生長十分緩慢，剛孵出的幼體浮游於外海，約需6個月才長成稍似龍蝦的透明幼苗，幼苗再經1至2次的蛻殼才成為有顏色的小龍蝦，然後移至近海的海底展開底棲生活。一般大概兩年後才會成熟，通常小龍蝦約15至30天蛻殼一次，但大龍蝦則2至4個月一次。由此可知野生的龍蝦不容易看到碩大的個體，因為通常都是屬於「龍瑞級」的龍蝦。

一般而言，龍蝦的年齡可以依據體重來判斷，龍蝦每5年到7年約可增加0.5公斤的重量，但是海水的溫度和食用的食物都會對龍蝦的大小產生影響，僅從重量來判斷龍蝦的年齡並不完全準確。以世界紀錄來看，歷來捕獲的最大型龍蝦是1974年在美國鱈角外海捕獲的「大喬治」，重達16.78公斤，說牠是「龍瑞級」的龍蝦應是實至名歸。

相較之下，螃蟹的種類就更多了，每一種螃蟹都有其獨到的生存之道。許多螃蟹都是餐桌上常見的海鮮，幸而大多數螃蟹的數量依然十分驚人，人類的食用尚未對牠們造成生存危機。

俗稱花市仔的鏽斑蟳。

Lesson 80

The 100 Essentials of Nature Lessons for Parents in Taiwan

上菜市場學自然。

魷魚·鎖管·軟絲·烏賊

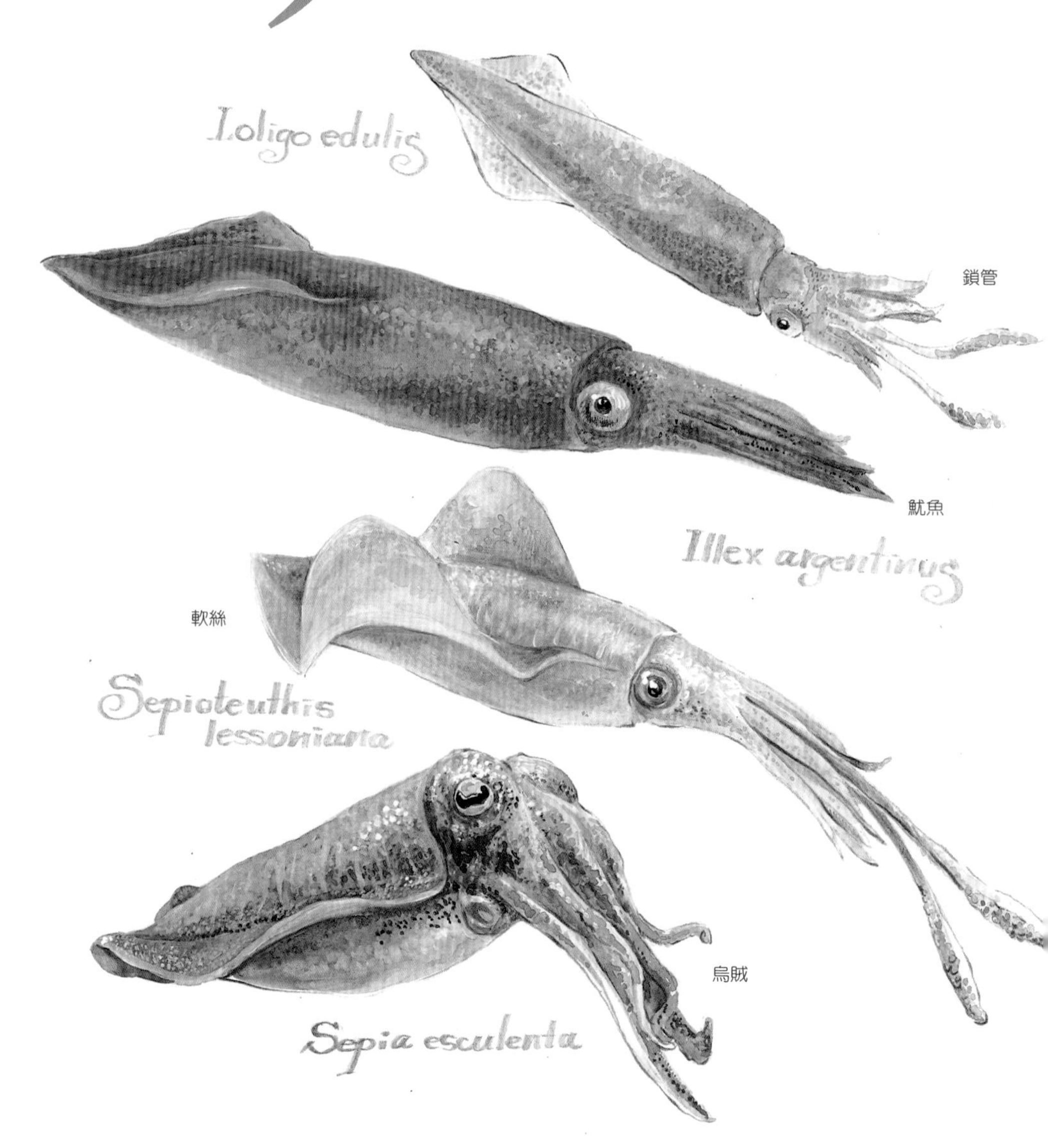

近年來氣候異常造成的問題，連小吃攤都感受得到，一向十分受歡迎的韓國魷魚羹，魷魚的貨源越來越少，價格也越來越高，再繼續惡化下去，恐怕魷魚羹會就此消失無蹤。

魷魚、鎖管同屬於管魷目，兩者外觀十分近似，可以用眼睛構造、漏斗管的形狀以及鰭的外形來加以區別。鎖管眼睛外有透明的膜覆蓋，一旦死亡，眼球變得模糊不清，但魷魚則完全相反，死亡後眼睛是張開而且清澈的。鎖管的漏斗管軟骨呈「｜」型，魷魚則呈「⊥」型。鎖管的鰭為縱菱形，魷魚的鰭為橫菱形。

魷魚早年一直是依賴日本和韓國進口的乾貨，價格昂貴，直到台灣發展遠洋漁業，至南美阿根廷一帶的大西洋海域捕撈大量的阿根廷魷，才逐漸成為平民化的食材。魷魚是游泳能力頗佳的頭足類動物，常常成群於淺海活動，以捕食魚類或烏賊為生。但這幾年的海洋暖化，讓原本產量極豐的魷魚大量消失，目前對魷魚消失的真正原因還不是很清楚，但大海的生態正在劇烈改變中，應該是無庸置疑的。

鎖管主要分佈於台灣海峽和東北角海域，每年6至8月為鎖管的盛產季，一般幼體稱為「小管」或「小卷」，成體則為「中卷」或「透抽」，是非常平民化的食材，不僅價格便宜，營養也十分豐富。

軟絲的正式名稱是「萊氏擬烏賊」，外觀與花枝神似，但有一雙超大的眼睛，其實牠們在分類上是跟鎖管比較相近，同屬管魷目槍烏賊科。軟絲盛產於台灣的東北海岸，但因海底垃圾問題嚴重，讓軟絲根本無處產卵，於是許多潛水同好除了定期清理岩礁區的垃圾之外，還投放了200多處的竹叢，模擬柳珊瑚的條枝狀環境，為軟絲重建產房，十年來成績斐然，已成功復育了上百萬隻的軟絲。

烏賊在分類上與前三種不同，屬於烏賊目烏賊科，雖然這四種頭足類動物都有兩隻長觸手，但仔細辨認還是大不相同。我們常吃的花枝是「真烏賊」，也稱為墨魚，牠們的鰭很薄，圍繞在身體邊緣，體型厚實，偏橢圓形。活的花枝體色透明，長有紫褐色斑點，體色會隨環境而改變，遇到危險時會噴出大量墨汁以躲避敵害。

魷魚、鎖管、軟絲、烏賊都是大海裡數量極為豐富的頭足類軟體動物，是海洋生態系不可或缺的重要成員，也是許多海洋生物的重要食物來源，牠們的變化更是值得研究與關注，因為影響的將不只是魷魚羹、三杯中卷、清燙軟絲或花枝羹而已，更可能攸關我們的生存。

鎖管的幼體稱為「小管」，成體則為「透抽」。

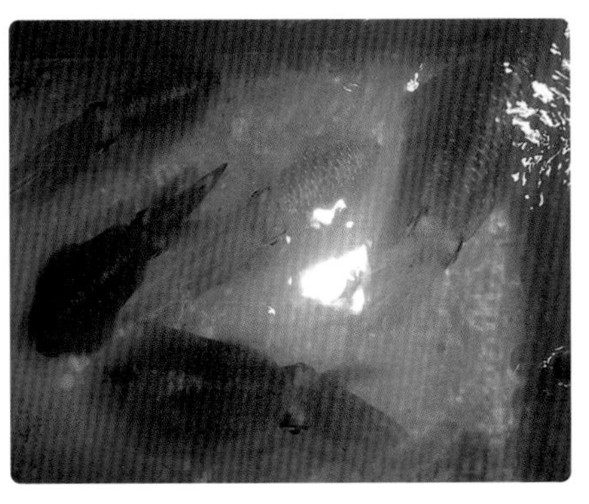

軟絲的正式名稱是「萊氏擬烏賊」。

烏賊捕食時用觸鬚上的吸盤黏住小魚，讓牠無法逃脫。

烏賊躲藏在海底沙堆時，體色變得跟沙子顏色一模一樣。

Lesson 81

上菜市場學自然。

魩仔魚

The 100 Essentials of Nature Lessons for Parents in Taiwan

魩仔魚體色透明細長，身長約1至3公分，以日本鯷、刺公鯷、異葉公鯷為主。

魩仔魚一直是台灣人喜愛的海鮮小菜，特別是家裡有小孩或老人，婆婆媽媽上菜市場時總不忘買一些魩仔魚，以熬煮稀飯或是煎魩仔魚煎蛋，一般咸信魩仔魚是高鈣的好食材，多吃無妨。但正因為這樣的飲食習慣，加上居高不下的價格，長年大量捕撈魩仔魚已經讓台灣沿海的漁獲大幅衰退，把魩仔魚吃下肚，也等於吃掉我們珍貴的漁業資源。

魩仔魚是200種以上魚類幼魚的總稱，是海洋食物鏈的重要底層生物，不僅關係許多魚種的數量多寡，同時也是吸引其它海洋魚類靠岸覓食的重要因素。唯有豐富的魩仔魚群生態，才能維繫旺盛的海洋生產量。但是台灣長年捕撈魩仔魚，沒有任何的約束，嚴重影響了沿海的生態，在許多生態學者與保育團體的推動下，台灣終於在2009年起全面禁捕魩仔魚。只是法令雖然如此規定，但執行依舊不力，市場或漁港還是看得到販售燙熟的魩仔魚以及其它加工品。唯有大家齊心協力不要購買，才能真正落實改善現況。

魩仔魚體色透明細長，身長約1至3公分，以日本鯷、刺公鯷、異葉公鯷為主，一般壽命約2年，是許多近海魚類的重要食物來源，人類實在沒有必要與其它魚類爭食。更何況，魩仔魚餵養近海魚類，漁民才有魚可抓，如果讓魚沒有食物可吃，漁民也不可能豐收的。

以往漁民以特殊的細目網捕撈魩仔魚，大網一收，上百種不同魚種的仔魚全部一網打盡，連重要漁獲的狗母魚、比目魚、石斑魚、白帶魚等的仔魚，無一倖免，大大影響了牠們的數量，這也是漁民抓不到魚的主因之一。近年來的氣候暖化影響海水的溫度，原本分佈於南部水域的刺公鯷與異葉公鯷逐漸往北擴展，而冷水性的日本鯷則大幅縮減，一般而言，公鯷類的卵顆粒大、數量少，而以日本鯷的產卵數較多，是魩仔魚的主力部隊。爾後的海水溫度變化究竟會對海洋底層生物的魩仔魚造成何種深遠的影響，值得持續研究，如果底層生態系率先瓦解，恐怕將是海洋生態的大浩劫。

在市面上販售的白色魩仔魚都是燙熟的。

Lesson 82

The 100 Essentials of Nature Lessons for Parents in Taiwan

上菜市場學自然。

章魚

2010年世界杯足球賽，球賽如火如荼地進行，也意外地讓一隻生活於德國動物園內的章魚大紅大紫，章魚哥保羅頓時成為全球注目的焦點，當然足球迷關注的是牠預測的足球冠軍，而一般人則是純粹看熱鬧。其實章魚是非常特殊的動物，值得好好認識。

章魚是頭足類的軟體動物，但和烏賊、鎖管的10隻觸腕不同，章魚只有8隻觸腕，所以一般叫牠們是「八爪章魚」。從外觀來看，章魚的頭部佔身體極高的比例，顯見神經系統發達，根據研究，牠們有三個心臟、兩個記憶系統、五億個神經元，而且眼睛構造複雜，有良好的視覺。

章魚喜愛棲息於有珊瑚礁的淺海，因為這裡有充足的食物來源，台灣以北部及南部的海域較為常見。章魚為夜行性動物，白天躲藏於岩洞內，晚上才出來捕食小魚、甲殼動物或貝類。章魚以放射狀的觸腕及尖銳的口器來捕獲獵物，唾液腺還會分泌毒液麻痺獵物，是海洋裡相當可怕的殺手。

除了卓越的獵殺技巧外，章魚的智商也是許多海洋生物學家的研究重點。章魚是非常聰明的動物，還具有神奇的變色能力，皮膚裡有無數的色素細胞，可視外界狀況而擴大或縮小，就像是披著一件隱形衣，可以一下子消失得無影無蹤。而且章魚具有驚人的學習能力，也能夠自行解決問題，不論科學家拿出什麼樣的瓶罐，牠們總有辦法打開瓶口，取得裡面的食物。章魚交尾之後，母章魚會在岩縫間或洞穴內產卵，每次可產下數十萬顆卵，在卵尚未孵化之前，母章魚會寸步不離地守護，並且不斷輸送新鮮的海水，讓卵可以順利孵化。

我們對於海洋生物一向秉持的是「利用」大於「瞭解」的原則，以前海洋生態富足可能還不致發生什麼問題，但現在面臨的是日益匱乏的大海生態，我們想要度過難關，就必須向大海學習，多多瞭解海洋生物的生態。章魚哥的新聞只是一時的熱潮，希望多少可以改變一點我們對待海洋生物的態度。

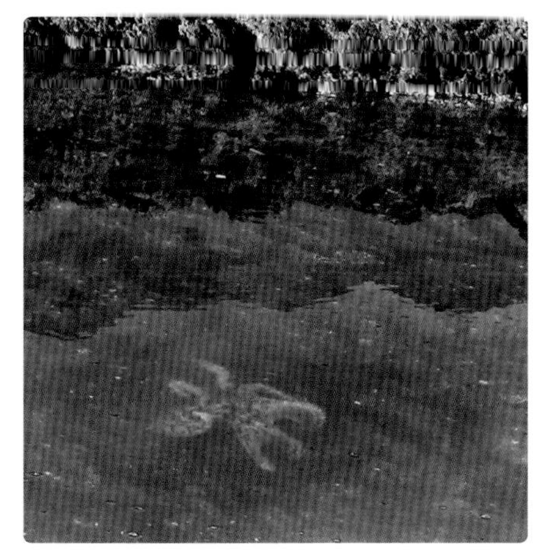

魚市場販售的活章魚，一直利用觸手的吸盤攀爬逃脫。

具有毒性的藍環章魚將自己變色隱身在礁石上。

章魚喜愛棲息於有珊瑚礁的淺海，會到潮間帶覓食。

在潮間帶浮潛拍攝躲藏於礁岩縫隙的章魚，回來檢視相片，才發現牠的眼睛一直盯著我。

Lesson

83

The 100 Essentials of Nature Lessons for Parents in Taiwan

上菜市場學自然。

豆腐鯊

鯨鯊(Whale Shark)是世界上最大的魚類，體長可長到18至20公尺以上，重量可高達幾十公噸。雖是鯊魚的一種，但牠們的牙齒細小，以濾食為生，包括植物性浮游生物和動物性浮游生物，其中以橈腳類為主要食物來源。此外，鯨鯊還會吃一些小型的魚蝦類，例如磷蝦、沙丁魚、鯷魚等，以及頭足類軟體動物，甚至偶爾也會吃一些較大型的魚類，如小型鮪魚。

鯨鯊的個性溫馴，行動緩慢，潛水者碰到牠們時還可以來一段「與鯊共舞」，因此被稱為「海洋的溫柔巨人」，也有人直接稱牠們為「大憨鯊」。台灣是全球唯一捕食鯨鯊的國家，因其肉質白而細嫩如豆腐，海鮮市場一般俗稱為「豆腐鯊」。從2000年起鯨鯊就被世界自然保育聯盟列入紅皮書的「易受傷害的物種」，2002 年華盛頓公約更把鯨鯊列為附錄二的保育物種。除了立法保護以外，如澳洲、貝里斯、菲律賓等國家都嘗試發展鯨鯊生態旅遊，例如以「與鯨鯊同游」為主題的生態旅遊，來增加觀光收益，以降低對漁業的衝擊。台灣也在2008年起全面禁捕鯨鯊，所有被定置網誤捕的鯨鯊，全部交由學術研究單位進行標識放流。

台灣早在1986年就有鯨鯊的捕獲紀錄，因為鯨鯊多半會在海洋表層巡游覓食，加上其體型碩大，很容易遭到漁民捕殺，也有一些是誤入定置漁網，不過這些數百公斤的鯨鯊多半是未成年的個體。日本漁民則把鯨鯊當成魚群出現的指標，因為鯨鯊常和鯖、鰹等群聚性魚類一起出現，鯖魚、鰹魚才是漁民真正想要捕捉的漁獲。全世界南、北緯30至35度以內的溫、熱帶海域，都可以發現鯨鯊的蹤跡。根據澳洲的研究發現，每年澳洲海域珊瑚產卵的季節前後，該海域就會發現鯨鯊的蹤跡，不過目前並不清楚鯨鯊是為了要攝食珊瑚的卵，還是想要吃以珊瑚卵為食的小型動物性浮游生物。

鯨鯊是以卵胎生的方式繁殖，通常要長到20歲、體長約10公尺左右才會性成熟，然後才能交配繁衍後代。鯨鯊一次可產下約300尾的小鯨鯊，剛出生時長得很快，第1年就能夠長到將近60公分，一般鯨鯊的壽命可以超過80年以上。鯨鯊雖然是所有鯊魚當中產仔數最多的，但是究竟[illegible]，[illegible]還是個問號。此外小鯨鯊出生後，便會面臨大型掠食性魚類及哺乳動物的威脅，例如旗魚、海豚、虎鯨等，以及其他的鯊魚或者甚至是海龜的捕食。鯨鯊的壽命雖長，但成長緩慢，常常還沒長大到可以繁衍下一代時就已死亡，這些都是鯨鯊數量稀少的主因。

根據研究，西北太平洋海域的鯨鯊往北會洄游至台灣、南韓、日本，往南會出現在中國、菲律賓海域，顯示僅靠單一國家的保育及管理是不夠的，必須透過跨國界的合作，大家共同保護鯨鯊，才能讓大海最溫柔的巨人有未來可言。

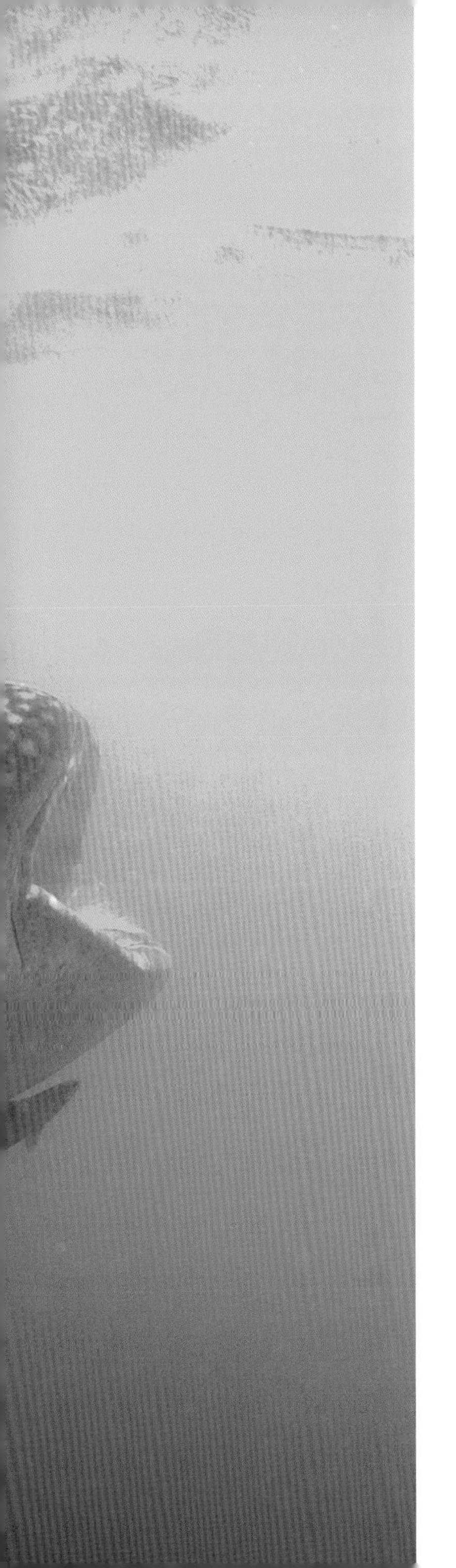

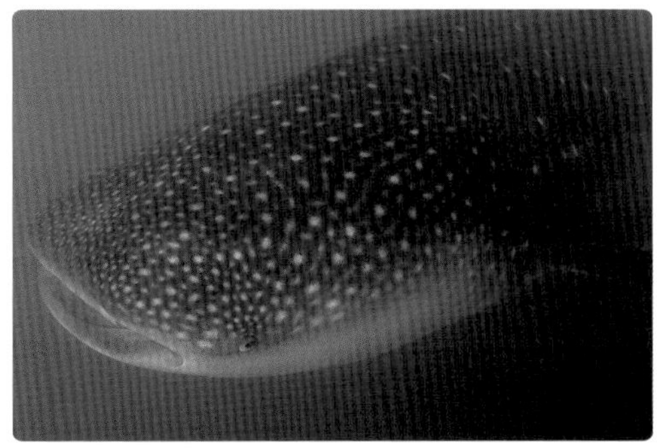

鯨鯊(Whale Shark)是世界上最大的魚類，體長可長到18至20公尺以上，重量可高達幾十公噸。牠的個性溫馴，行動緩慢，潛水者碰到牠們時還可以來一段「與鯊共舞」，因此被稱為「海洋的溫柔巨人」。（攝影／于川）

Lesson

84

The 100 Essentials of Nature Lessons for Parents in Taiwan

上菜市場學自然。

曼波魚

Ocean Sunfish

mola mola

曼波魚的正式名稱是「翻車魚」或「翻車魨」，牠們的長相特殊，全身橢圓扁平狀，背鰭及臀鰭上下相對，裙狀假尾鰭短小，還有一雙大大的眼睛及小小嘟起的嘴巴。

台灣大大有名的曼波魚(Mola Mola)，其實正式名稱是「翻車魚」或「翻車魨」，牠們的長相特殊，全身橢圓扁平狀，背鰭及臀鰭上下相對，裙狀假尾鰭短小，還有一雙大大的眼睛及小小嘟起的嘴巴，模樣可愛極了，只要看過一次，大概就終生難忘了。也因為牠們看起來像是沒有尾巴的魚，所以又有人稱之為「游泳的頭」。

每年4、5月間曼波魚會隨著黑潮洄游來到台灣的東岸，原本多半生活於中、深海域，來到這裡卻常側身躺在海面上曬太陽，於是成為東岸定置網漁業的天賜財富。加上這幾年花蓮縣政府大力舉辦曼波魚節，讓曼波魚成為家喻戶曉的魚類，可惜的是，我們依然只是著重吃的海鮮文化，對於曼波魚的生態依舊一無所知。

翻車魚在海裡游動時會左右搖擺，看起來就像是輕舞曼波，才會被稱為「曼波魚」，此外這種魚也喜愛側身躺在海面上，白天曬太陽，晚上發出光芒，所以又被叫做「太陽魚」或「月光魚」。

我們對於翻車魚的族群數量或生活習性都不十分清楚，只知道牠們以吸食浮游生物為生，特別喜歡吃水母，覓食之後會側躺海面讓陽光照耀，主要是為了減少身上的寄生蟲以及促進腸子的消化與吸收。翻車魚沒有胃的構造，卻有奇長無比的腸子，可達體長的5至10倍，俗稱「龍腸」。每次產卵可達3億顆，是魚類中產卵數最高的種類，不過因為翻車魚的行動遲緩，常遭其它魚類捕食，因此存活率大約只有百萬分之一。

台灣漁民常把翻車魚叫做「魚粿」，因為被捕捉到的翻車魚就像一大塊攤在甲板上的紅龜粿，此外其肉色雪白、肉質清嫩，也有饕客叫牠們「干貝魚」，因以水母為食，所以也叫做「蜇魚」。

對於翻車魚的基礎研究不足，所以我們也無從判斷目前的撈捕是否會對其生存造成威脅，或是每年的撈捕數量是否應該設限等。但是台灣確實應該要從海鮮文化進階到發展出真正的海洋文化，如此也才能有真正永續發展的漁業與海洋。

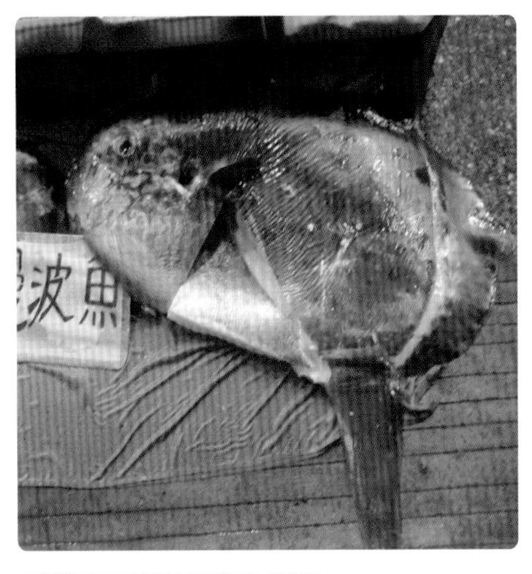

台灣漁民常把翻車魚叫做「魚粿」。

花東地區許多標榜曼波魚料理的餐廳林立，但我們對這種魚瞭解卻很少。

Lesson

85

The 100 Essentials of Nature Lessons for Parents in Taiwan

上菜市場學自然。

海蜇皮

模樣可愛的珍珠水母(Mastigas papua, *Spotted lagoon jelly*)。

夏天來一盤涼拌海蜇皮，既開胃又下飯。但是知道這道小菜是什麼做的，卻少之又少，還有人以為海蜇皮是像海藻一樣的植物性食材，吃素的人可以吃。其實海蜇是根口水母的一種，傘為肥厚的半球狀，邊緣沒有觸手，口腕上有8隻觸手融合在一起，以增加游泳及捕食的能力。傘徑一般大約50公分，最大可達1公尺以上。

水母是海洋生態系的大型浮游性生物，全世界約有250種之多，大多數水母都是棲息在溫暖的淺海裡。台灣的水母一般在春天於河口水域大量滋生，然後隨著西南風及暖流的日益增強，由河口往外向北移動，冬天再隨著東北季風的增強，成群結隊向南漂浮。水母漂浮時大多群聚成驚人的數量，有時可綿延數公里長，是冬季海洋頗為常見的奇觀。

水母的主要成分是水，身體是由內外兩胚層組成，外層的細胞有很多刺，主要用於捕食，而內層細胞則是負責消化，兩胚層之間有很厚的膠層，不僅呈透明狀，而且還有漂浮的作用。水母運動時，主要是利用體內噴水而反向前進，遠遠望去好比一頂圓傘在水中漂游。成群的水母在大海緊密地生活在一起，同時一起漂浮，往往構成十分壯觀的景象。

海蜇是一種可供食用的根口水母，其體型大，中膠層也特別厚。在捕獲後先將觸手上的刺絲胞處理過，再以明礬和食鹽等浸漬的繁雜處理後，根口水母的傘部就是海蜇皮，而觸手部份則俗稱海蜇頭。海蜇皮的主要成分是膠原蛋白，含量高達70%，完全不含膽固醇與飽和脂肪酸，中醫認為有清胃、潤腸、化痰、平喘、消炎、降壓等功效，是營養價值極高的食材。

人們食用海蜇皮已有相當長的歷史，明朝的『本草綱目』即有記載：「人因割取之，浸以石灰、礬水，去其血汁，其色遂白。其最厚者，謂之蛇頭，味更勝，生熟皆可食。」。不過台灣人早期並不喜歡海蜇皮，根本很少人吃，當時海蜇皮非常便宜，大家都嫌腥臭。但飲食習慣的改變，海蜇皮現在早已成為普羅大衆非常喜愛的海鮮小菜，而且價格也不便宜。

水母是許多海洋生物的食物來源，但少有人注意到牠們的存在，不過2009年在日本卻一反常態躍上新聞的頭版，原來那年日本漁民的漁獲大減，卡在漁網裡的都是滿滿的大型越前水母，不僅撕裂漁網，也活活壓死了網內的漁獲，日本海的海面上漂浮著滿滿 的越前水母。有人推測是黑潮的流向改變，以致越前水母也跟著大量遷徙，那種駭人的景象確實讓人印象深刻。

涼拌海蜇皮是大家非常喜愛的海鮮小菜。

爸媽必修
自然課程
Chapter 007

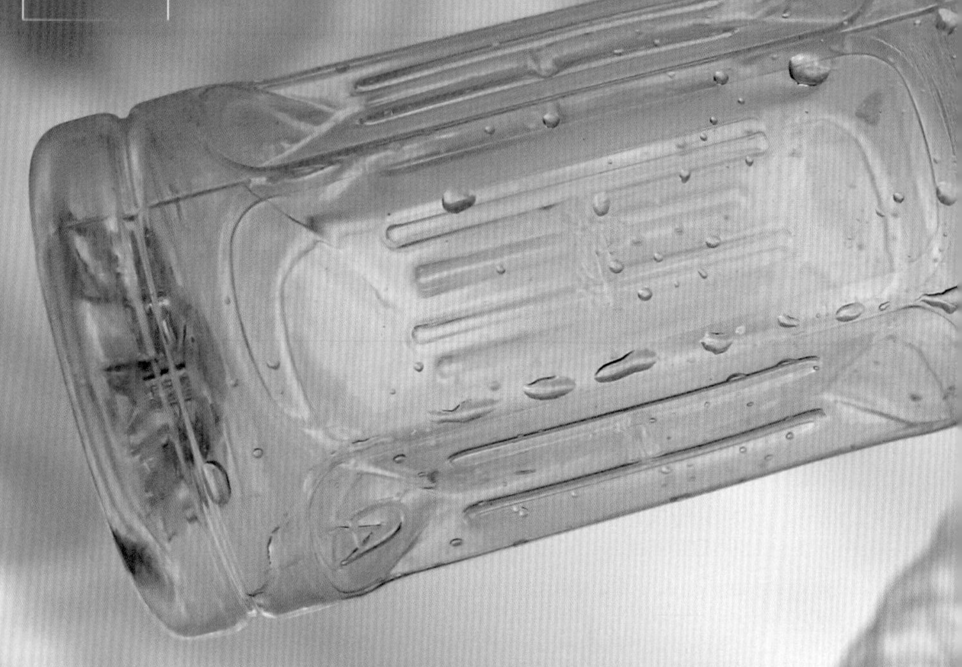

我們常說沒新聞就是好新聞，
每天佔據新聞版面的大多都是壞消息，
災害、戰爭、饑荒、輻射外洩、漁獲大減、動植物絕跡⋯，
我們的地球家園真的生病了。
與其傷心絕望，不如起而行，從每天的生活開始改變。

日常生活裡～
可以做的改變。

The 100 Essentials of Nature Lessons
for Parents in Taiwan

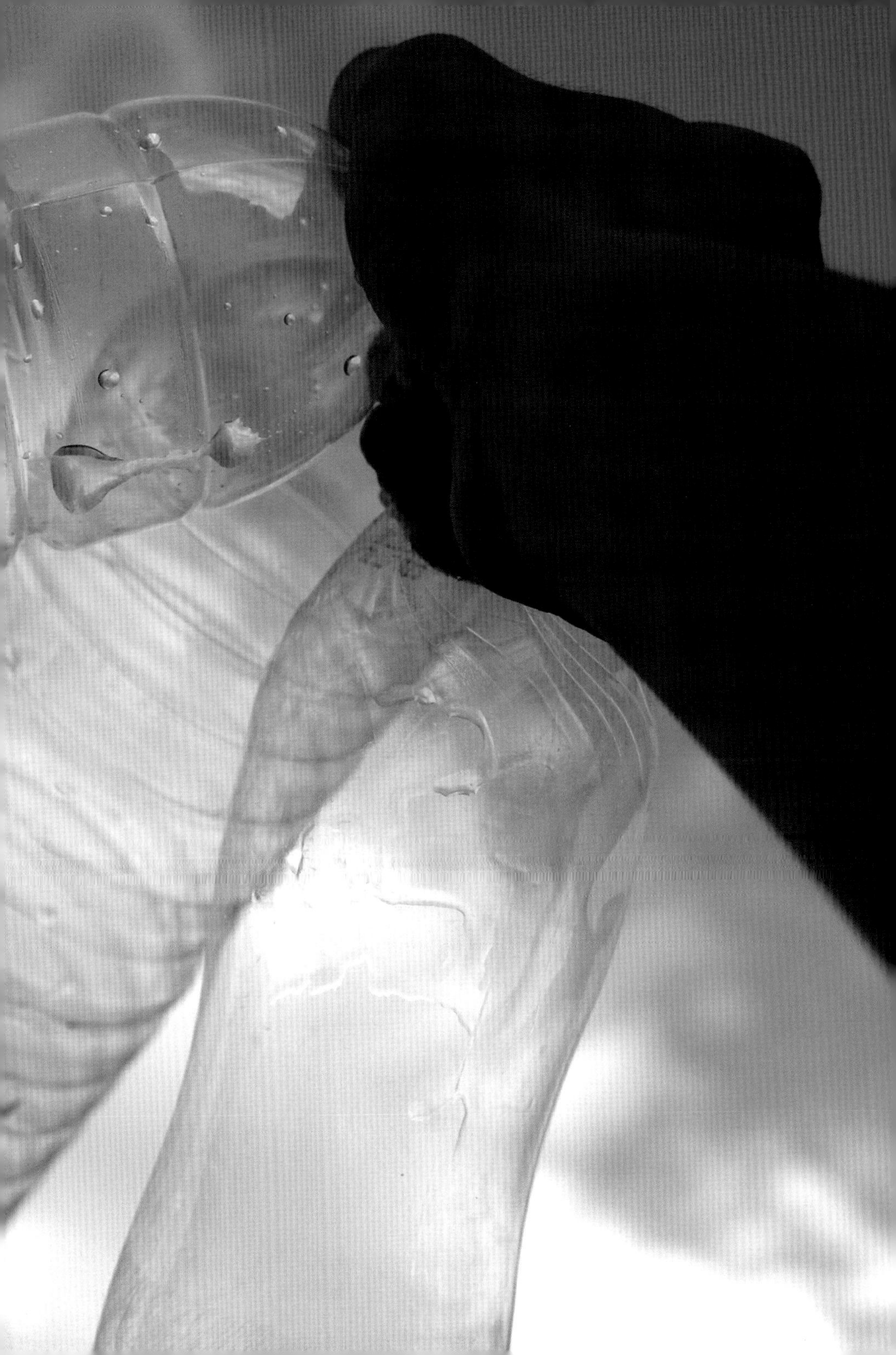

Lesson 86

不要喝瓶裝水

日常生活裡可以做的改變。

The 100 Essentials of Nature Lessons for Parents in Taiwan

曾幾何時，喝瓶裝水變成了健康、時髦的象徵，來自冰河、高山、海底的水吸引了許多人的目光，加上成功的行銷策略，讓瓶裝水的銷售日新月異，每年還至少成長10%。

台灣的連鎖超商提供快速便利的服務，大大改變了一般人的生活面貌，就是因為過於便利，以致我們渴了就買水或飲料，再也沒有人隨身攜帶水壺。從超商冷藏櫃裡琳瑯滿目的飲料和瓶裝水，就不難窺知這些都是超商營收的主力產品。但瓶瓶罐罐的背後隱藏的是重大的環境危機，想要扭轉整個情勢，第一步就是不要再消費任何瓶裝的水或飲料。

首先是寶特瓶的生產過程，除了原料是石油產品之外，每生產一個1公升的瓶裝寶特瓶，製造過程需耗用17.5公升的水。出了生產線之後，還要耗費大量能源運送至販售地，再上架與冷藏，每一步驟都大量增加二氧化碳的排放。

此外，後續的空瓶回收也是很大的問題，雖然現在台灣已經發展出獨特的紡織技術，可以將回收寶特瓶製成再生衣、毯子等產品，但同樣的問題是整個過程一樣會排放二氧化碳。若不回收空瓶的話，以掩埋方式處理，就成了千古不化的垃圾。若單以瓶裝水的內容物—水來看的話，台灣1度自來水約7.5至9元，而每一度的水可以裝滿1000瓶的瓶裝水，但販售的瓶裝水價錢從18元到50元以上都有，即把水裝入瓶內就可創造出價差1800倍以上的產品，但背後的環境代價卻是要每個人平均分擔的。據估計，台灣一年的瓶裝水市場金額在60億以上，每年每人平均消耗200支寶特瓶，一年耗用的46億支寶特瓶可以繞台灣223圈，繞地球6.3圈。多麼驚人的數字，但我們還是繼續消費，繼續喝瓶裝水和各式各樣的飲料。

其實台灣的自來水普及率已高達九成以上，水質也不算太差，只要改善年久失修的自來水管線，大家都有乾淨的水可喝，不論是煮沸或是以過濾器過濾生水，都是安全無虞的。購買瓶裝水不只是金錢上的浪費，也是在揮霍地球的珍貴資源，每天攜帶水壺，不但節省支出，也可減少大量的垃圾，更重要的是還可以避免瓶裝水在生產和運送過程中排放的大量二氧化碳，以及後續空瓶回收處理的耗能問題。

市面上多樣化的飲料多為寶特瓶包裝，若沒有落實回收，將來可能造成極大的環境問題。

人說鯊魚兇猛可怕，但人們卻愛吃牠身上的魚鰭。到底是人可怕還是鯊魚呢？（攝影／蔡迪）

Lesson

87

The 100 Essentials of Nature Lessons for Parents in Taiwan

日常生活裡可以做的改變。

拒吃魚翅

最近十年地球的海洋資源不斷出現警訊，以往我們一廂情願以為大海是取之不竭的，但事實卻是大海已經到達瀕臨全面崩解的臨界點，是人類竭澤而漁的惡果。

其中最具代表性的海洋物種就是鯊魚，為了供應需求與日俱增的魚翅市場，每年大約有7千萬到9千萬隻的鯊魚慘遭屠殺，對鯊魚的生態造成極大的衝擊，也大大地改變了海洋的生態。

鯊魚是大海裡古老的掠食動物，已經生存在地球上達四億年之久，絕大多數的鯊魚都是屬於海洋食物網的上層掠食動物，如此大量的鯊魚從海洋中消失，將造成海洋生態嚴重失衡。更何況鯊魚與一般魚類大不相同，不僅成長速度緩慢，長大至性成熟的時間也很長，約5、6歲到10歲才能繁衍下一代，而且子代的數目並不多

魚翅羹是婚宴上常見的餐點，拒吃魚翅應該從觀念改正開始。

越大片的魚翅越是華人世界裡的珍貴頂級食材。

，每次只會產下2至100尾左右。在目前如此嚴重的捕捉壓力下，數量當然急速下降，想要恢復舊觀更是難上加難。現在已有許多鯊魚種類被世界自然保護聯盟(IUCN)列入紅皮書的保護名單內。

鯊魚常被形容為大海殺手，但並不是所有種類都是可怕的掠食動物，也有以濾食為生的種類，如鯨鯊。鯊魚是身強力壯的動物，感覺系統發達，即使遠距離也能偵測到獵物的存在，其中以聽覺最為靈敏，1600公尺遠也可感受到音波的震動。其嗅覺也非常敏銳，500公尺外的些微氣味都可以分辨得出來。以動物的構造來看，鯊魚確實是演化已臻完美的掠食動物，同時也是維繫大海健康生態的關鍵角色。

如此完美的動物卻少有人喜愛或關注，因為我們根深柢固地誤解鯊魚，反而誤以為沒有鯊魚的大海才會更加安全。其實少了鯊魚，許多被捕食的動物族群反而瀕臨瓦解，這也是海洋漁獲會越來越少的原因之一。吃一碗魚翅，不僅所費不貲，還要付出重大的生態代價，為了海洋的永續未來，我們每一個人都有責任拒吃魚翅。

Lesson 88

The 100 Essentials of Nature Lessons for Parents in Taiwan

日常生活裡可以做的改變。

少吃黑鮪魚

鮪魚屬於海洋表層的迴游魚類。牠們的身體側線皮下，都有一層深紅色的血合肉，可以儲存大量的氧氣，以供其長時間游動所需，同時也可調節體溫。

身體呈紡錘狀的黑鮪魚在海中游泳的泳速極快。

黑鮪魚（即藍鰭鮪）是世界上最引人垂涎的高級食用魚，也是現今日本高級料理的生魚片和壽司首選，由於需求大幅成長，加上價格居高不下，過度捕殺的結果，已使黑鮪魚瀕臨絕種，在所有瀕臨絕種危機的魚類排行榜上，黑鮪魚高居冠軍。

鮪魚是鱸形目鯖科的魚類，台灣有9屬21種，比較常見的包括長鰭鮪、大目鮪和黃鰭鮪等，而每年4至6月間還有黑鮪魚迴游至台灣附近。

鮪魚屬於海洋表層的迴游魚類，會隨著溫暖的海流迴游遷徙，長久以來一直是非常重要的迴游性漁獲。鮪魚的身體側線皮下，都有一層深紅色的血合肉，可以儲存大量的氧氣，以供其長時間游動所需，同時也可調節體溫。

一般我們說的黑鮪魚，其實可分為北方黑鮪和南方黑鮪，其中北方黑鮪還可分為太平洋黑鮪和大西洋黑鮪等兩個亞種，南方黑鮪則專指分佈於南半球的三大洋族群，也就是南太平洋、印度洋和南大西洋的黑鮪魚。

在台灣附近捕獲的大多為太平洋黑鮪，牠們通常在日本近海發育成長，然後開始洄游，橫越太平洋到達美洲的西岸，成年以後才會再度返回日本近海。

每年在台灣屏東的東港和宜蘭的蘇澳所捕獲的即是產卵洄游的太平洋黑鮪，因為成年的黑鮪魚在春天會順著黑潮北上來到日本與菲律賓之間的台灣東部太平洋海域產卵。但經過這麼多年的大肆濫捕，現在黑鮪魚的產卵族群已是一年比一年少，是值得關注的警訊。

黑鮪魚是大海裡的游泳高手，雖然最大型的黑鮪魚體重可能高達700公斤、長4公尺左右，但牠們可一點都不笨重，有人還形容牠們是大海裡的高速砲彈，流線形的身材，搭配上彎刀般的尾鰭，可以劃破海水快速前進，讓牠們在海裡無往而不利，是相當可怕的掠食動物，多半以其它魚類或魷魚等頭足類以及小蝦等為生。

黑鮪魚之所以成為游速最快的魚類之一，秘訣就於儲存大量氧氣的血合肉，讓肌肉可以維持溫熱的狀態，體溫十分接近陸地上的哺乳動物，是大海裡少數的溫血魚類之一。

黑鮪魚從一小粒魚卵成長至平均200公斤以上的成魚，大約需要耗費8至10年的時間，成年以後的黑鮪魚才有產卵繁衍下一代的能力，但現在的強大市場需求卻等不及黑鮪魚長大，一網打盡的結果就是漁獲越來越少。由於大型的黑鮪魚變得十分稀有，許多國家轉而發展黑鮪魚養殖，但是養殖卻只是大量捕捉黑鮪幼魚加以圈養，於是讓黑鮪魚的狀況更加惡化，因為這樣的假養殖其實是徹底剝奪黑鮪魚野生族群的繁殖機會。

根據2010年的統計資料，大西洋黑鮪大概只剩下9000隻左右，太平洋黑鮪經過多年的濫捕，大概也所剩不多。但龐大的商業利益讓黑鮪魚一直未能被列入華盛頓公約的禁捕名單之內，我們唯一能做的就是不要再把黑鮪魚當成食物，並且盡量讓更多的人知道牠們的現況，希望有一天可以改變，將黑鮪魚納入保育動物的保護行列，讓牠們有機會恢復昔日的盛況。

Lesson

89

The 100 Essentials of Nature Lessons for Parents in Taiwan

日常生活裡可以做的改變。

減少吃肉

氣候的異常讓每個人開始關心碳排放的問題，節能減碳也成為現代人的新生活運動，雖然成效不是短時間內可以呈現的，但關心總比冷漠好，個人的一小步有可能成為整個人類的一大步。

以日常生活的飲食習慣而言，素食的碳排放確實會比肉食少了許多，因此許多環保團體無不大力倡導「每周一日素食」，希望可以逐漸降低對肉類的依賴程度。根據統計資料顯示，台灣每人每年會消耗77公斤的肉類，碳排放量約為日本和韓國的兩倍。如果人人都願意響應一日素食，每個人約可減少7公斤的碳排放，則全台灣約可減少1億6千多萬公斤的二氧化碳排放。

根據聯合國糧農組織的報告，肉類的生產是導致全球暖化的重要因素之一，因為超過70%的亞馬遜雨林遭到砍伐就是為了畜養牛隻，而全世界畜牧業產生的溫室氣體遠比交通運輸還多。原本可以儲存大量二氧化碳的雨林一一倒下，不是成為牧場，要不就是闢為栽種飼料作物的農地，如大豆或玉米等。

若以耗用水資源的角度來比較，生產1公斤的馬鈴薯約需100公升的水，1公斤的稻米約耗用4000公升，但生產1公斤的牛肉則要耗水13000公升，更何況肉類的產銷和運輸過程還要消耗許多石油。若以每年每公頃農地能夠餵養的人數來比較，1公頃的馬鈴薯可以養22人，稻米約19人，而生產出來的牛肉或羊肉則只能養1至2人。

愛因斯坦曾說：「沒有一種東西比進展到吃素更有益於人體健康，而且還可提高地球生命的存活機會。」，全世界生產的農作物總量絕非無法餵飽所有的人類，主要是有三分之一至一半左右的作物被拿來餵養動物，好讓牠們快速增肥以供人們食用。以台灣的現況而言，每年進口達400萬公噸的玉米，絕大部份都是養豬、養雞的飼料，肉食的習慣讓我們無法不依賴進口玉米，於是也等於間接助長了雨林的破壞。

飲食習慣的改變並非一朝一夕就可達成，但可以循序漸進，逐步降低對肉食的依賴，從每周一日蔬果到二日或三日蔬果，從日常生活的食物選擇來關懷我們的環境，應該是每個人都做得到的事。

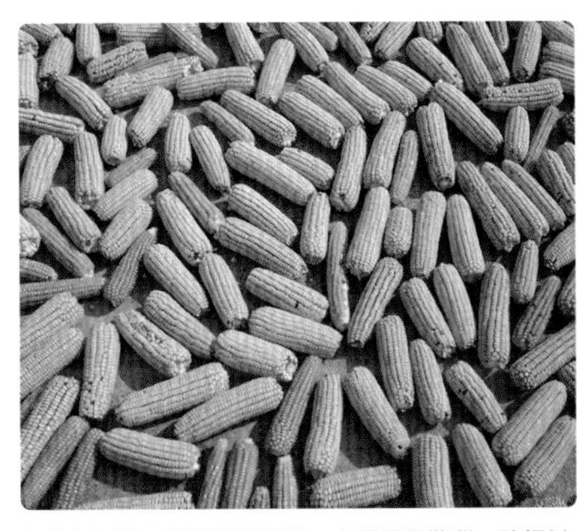

台灣每年進口四百萬噸玉米，大部份是做雞、豬飼料。

為了養牛，中南美洲許多熱帶
雨林都被砍伐開墾成牧場。

Lesson

90

The 100 Essentials of Nature Lessons for Parents in Taiwan

日常生活裡可以做的改變。

越來越嚴重的糧食危機

地球的氣候暖化導致許多生態危機，但最讓人類有切膚之痛的莫過於氣候災變導致糧食歉收。加拿大、俄羅斯、澳洲、美國、南美等主要穀類輸出國，一旦穀物欠收，就會牽動全球的穀價，而穀價是百價之王，穀價的上揚往往成為引發全世界通貨膨脹的「領頭羊」。

事實上，氣候災變將是以後的常態，面對人口成長、油價不斷上揚等艱困問題，我們究竟要如何因應越來越嚴重的糧食危機？最簡單的第一步就是從每個人的每一餐做起，改變「多肉少菜、多麥少米」的飲食習慣，讓台灣的糧食不再受制於人，建立起我們自給自足的糧食安全網。

台灣得天獨厚的溫暖氣候以及進步的農業技術，讓我們享有不虞匱乏的多樣食物，因此我們一定要支持在地的農業，盡量只消費台灣可以生產的食材，而避免選擇國外進口的，興盛的在地農業才能讓台灣安然度過糧食危機。

其實以現今全世界的農作物產量，想要餵飽全球接近70億的人口也不成問題，最大的問題在於許多大豆、玉米的產量不是用於餵飽人類，反而是用於動物性飼料以及生質能源的開發上，這樣的需求讓全球的糧食危機一發不可收拾。糧食的分配失調突顯了全球化的嚴重問題，資源分配不均讓富者越富，窮人連一口飯都難求。

我們不能再置身事外，每一餐飯的選擇都是改變的契機，用心飲食，支持在地農業，只吃當季的食物。每一個人都可以盡其本份，收復我們的飲食自主權、糧食自足權，這樣不僅有益健康，也是對地球生態環境有利的作法。

稻米、五穀雜糧如果短缺，會造成全人類的生命浩劫。

Lesson

91

The 100 Essentials
of Nature Lessons for
Parents in Taiwan

日常生活裡可以做的改變。

吃飯皇帝大

台灣的主食原本一直以米飯為主，以前的人見面問候語多半以「吃飯沒？」做為開場白，由此可知稻米在我們生活的重要地位。但隨著飲食習慣的西化，大家米似乎越吃越少，反而大大依賴進口的穀類，以致台灣的糧食自給率只有大約32%，遠低於其它國家的糧食自給率，例如日本的41%、韓國45%、英國70%、中國95%，而美國、加拿大、澳洲、法國都超過100%。

最近幾年的氣候異常造成許多地區的農作物歉收，糧食危機一觸即發，搶糧大作戰使得國際穀價節節飆漲，台灣依賴進口的小麥、大豆、玉米和蔗糖等也大幅上揚，於是麵包、泡麵、雞蛋、沙拉油、肉類等，無一不漲。

其實稻米是唯一可以在台灣生產的主食穀物，不過全台灣的穀類總消耗量，稻米所佔的比例還不到50%，而且從2009年起台灣的小麥消耗量首度超越了稻米。事實上，小麥是溫帶作物，台灣根本無法種植，必須全部仰賴進口，加上石油暴漲導致運輸成本大增，以及國際價格的不穩定，連帶讓台灣的物價蠢蠢欲動。

台灣長久以來的重工商輕農業的政策，讓弱勢的農業一直是被犧牲的，雖然我們的人口不斷成長，但耕地面積卻是持續減少，而大幅依賴進口的穀類，一旦世界發生嚴重的糧食危機，我們將無以為繼，也難怪有人主張糧食危機是嚴重的國家安全問題。

台灣想要掌握糧食主導權，唯一能做的就是增加稻米的生產，雖然農委會也宣佈到2020年要將糧食自給率從32%提高到40%，預計活化耕地面積14萬公頃，但卻欠缺具體作法，不僅沒有保障農民的基本收益，一旦氣候異常面臨缺水危機，總是犧牲農業，限制農業用水。

台灣的諺語「吃飯皇帝大」代表的是對食物的尊重，以及感謝農民「粒粒皆辛苦」的心意，而今「吃飯」一事更攸關每個人的生存問題，怎能不努力加餐飯呢？

台灣要避免糧食危機的方法，就是增加稻米的生產。

每一口香甜米飯都充滿了農民辛勤耕作的心血。

Lesson

92

The 100 Essentials
of Nature Lessons for
Parents in Taiwan

為什麼漁獲越來越少？

以往我們總覺得大海是取之不竭的寶藏，海裡的魚、蝦、蟹及其它海洋生物的數量永遠都是天文數字，可以滿足人類永無止境的需求。但20世紀末一直到邁入21世紀的頭十年，海洋的生態出現了許多劇烈的改變，如果我們繼續毫無節制地濫用海洋資源，浩瀚無邊的大海也可能會有匱乏的一天。

海洋的生命搖籃就是珍貴的珊瑚礁生態系，數以萬計的海洋生物都在此繁衍下一代，但是如今珊瑚礁卻面臨了前所未見的危機，包括溫室效應造成海水溫度上升，大量珊瑚白化死亡；此外，大氣的二氧化碳濃度持續上升，改變了海水的碳酸鈣飽和度，於是珊瑚的鈣化速率變差，也大大減緩珊瑚的成長；氣候變遷還造成許多珊瑚礁生物的怪異疾病大量蔓延。這些重大的影響導致魚類、蝦蟹及軟體動物的產量大減，進而影響了許多地區的漁獲量。

此外，沿海的河口濕地或紅樹林生態系是孕育許多生物的重要地帶，但這些環境通常也最容易遭受污染及破壞，尤其是瀕臨工業區或是大都會，原本生命的搖籃都成了污水排放處，或是堆積大量垃圾。其實每一生態系都是環環相扣的，少了孕育生命的適當場所，又怎能期待日後的豐收呢？

除此之外，人類漁業技術的進步也對海洋生物造成莫大威脅，以往撒網捕魚總有漏網之魚可以倖存，但現代的商業化捕魚作業卻是竭澤而漁，大小魚無一倖免，自然沒有足夠的繁衍族群可以存活，而漁獲的數量當然也會越來越少。現今的大型遠洋漁船到遙遠的公海捕魚，一趟出門大概都是幾個月到半年才會回來，想要平衡龐大的油料費及人事費，當然要有一定的漁獲量，甚至為了載運更多的漁獲，還配備有專用的搬運船，將漁獲一船一船地運回遙遠的消費地。

除了擁有先進的雷達設備可以探測魚群的位置之外，現在還有漁船使用聲納裝置吸引魚群自動靠攏過來，毫不費力地就可以將鄰近海域的魚群全部捕撈上船。人類以前捕魚，靠的是漁夫的長年經驗以及判斷，如今科技的進步反倒成為了海洋生物的夢魘。趕盡殺絕絕非人類之福，一旦海洋生態系開始崩解，恐怕我們也難以獨活吧！

漁民正在港口拍賣剛捕撈上岸的旗魚和鬼頭刀。

Lesson 93

The 100 Essentials of Nature Lessons for Parents in Taiwan

日常生活裡可以做的改變。

購買友善環境產品

購買環保的有機棉T恤，減少環境的負擔。

現代化的便利社會，提供了琳瑯滿目的各式商品，在強力的商業行銷下，許多需求一一被創造出來，然後透過消費行為得到滿足。除了食衣住行的基本需求外，資本社會的商業體系原本就鼓勵大量消費，經濟才能不斷成長。生活在這樣的環境裡，想要像清教徒般過著完全不消費、自給自足的日子，幾乎是不可能的事。但我們還是可以盡量選擇對環境友善的產品，至少不要讓自己的消費對環境造成額外的負荷。

最近幾年亟受矚目的綠色經濟設計提案「從搖籃到搖籃」的概念大大震撼了工業及商品設計，一個產品在剛開始的設計階段就先仔細考量產品的結局，讓它成為另一個循環的開始，因此「從搖籃到搖籃」的目標不是在於減少廢棄物，而是可以轉化成其它物質、產品，或是對其它地區、其它人有用的東西。例如完全可以分解的運動衫、可以在馬桶沖洗的尿布等，都是符合搖籃的設計概念。

許多人可能覺得只要做好廢棄物回收，就不致對環境造成太大的傷害。但事實卻是許多回收的物資根本無法處理或再利用，或者需要耗費大量能源才能回收部份物資。因此光是依賴垃圾回收是不足以解決現今的問題，而應該在生產之前就事先考量材料選擇或設計等重大問題。

我們的食衣住行等基本需求是可以有選擇的，例如食材的選擇上，以本地、有機的農作物為優先考慮，鼓勵對土地友善的小農，讓他們可以生存，繼續生產對人類、對環境有利的食材。衣服的挑選以自然素材為主，避免化學的製程或染劑。住的方面，不論是建材或漆料，現在選擇性也很多，避免有毒的化學塗劑，盡量採用自然建材及塗料，才不會造成「生病的家徵候群」(sick-house syndrome)。行的方面也以搭乘公共運輸系統為主，減少自行開車，不僅可以降低耗油，也是對環境友善的實踐方式。

對環境友善的產品，最終的生產目標當然是不會產生廢棄物，不會造成生態環境的負荷，但這絕非易事，將大大考驗人類智慧，也是未來可期的龐大綠色商機。

選購對環境友善的農產品和商品，也是友善環境的實踐。

Lesson 94

The 100 Essentials of Nature Lessons for Parents in Taiwan

日常生活裡可以做的改變。

寶特瓶變身排汗衣

2010年的世界杯足球賽，最受矚目的主角人物除了章魚哥保羅之外，另一大家關注的焦點就是9支球隊穿著的排汗球衣是由台灣製成的寶特瓶再生衣，讓台灣的綠色紡織技術順利站上世界舞台。

以前「書中自有黃金屋」的時代可能要進展成「垃圾變黃金」了，未來回收的物資如何成功轉化成可再利用的物質，成為極具挑戰性的課題。大量生產的廉價商品製造了難以處理的垃圾問題，不論是焚燒或掩埋，都只是杯水車薪的努力。像是充斥飲料和瓶裝水市場的寶特瓶，具有質輕、安全、衛生以及不易破裂等優點，於是輕易攻佔了全世界的飲料包裝市場，但寶特瓶的後續處理問題卻成為每一國家的夢魘，即使掩埋再久也完全不會消失，而焚燒則會造成二次空氣污染。

慈濟從1990年代開始號召志工從事環保回收，數以萬計的志工紛紛響應投入，據估計全台灣的寶特瓶總回收量中，約有三分之一是來自於慈濟志工之手。努力了二十餘年的環保志業，也成功研發出各類的環保再生製品，如毛毯、衣服、襪子等，都是用回收的寶特瓶及咖啡渣製成。而每一次有災難發生，這些再生製品總是第一時間就送至災害前線，幫助了許多亟待救援的人們。

台灣每年約可回收28億支寶特瓶，而平均每8支寶特瓶就可製成一件球衣。寶特瓶經過回收、處理、重製，成為回收的聚酯纖維，纖維再經抽絲、紡紗就成為回收的聚酯布料，平均約70支寶特瓶可製成1公斤的寶特瓶再生紗，相較於全新的聚合抽紗，最高可減少77%的二氧化碳排放量，以及84%的能源消耗。

寶特瓶再生製成的球衣，不但減輕了13%的重量，同時還能迅速蒸散汗水，讓球員隨時保持輕盈、乾爽，同時其延展性也比一般布料超過10%，搭配動態的貼身裁切，可以為球員提供優越的活動性以及空氣流通性。

原本千年不壞的寶特瓶，因為回收紡織技術的研發，而成為可再利用的新興材質，不僅解決了棘手的垃圾問題，更提供了許多新的研發方向，不過最終的重要課題還是應該持續減少寶特瓶的使用數量。

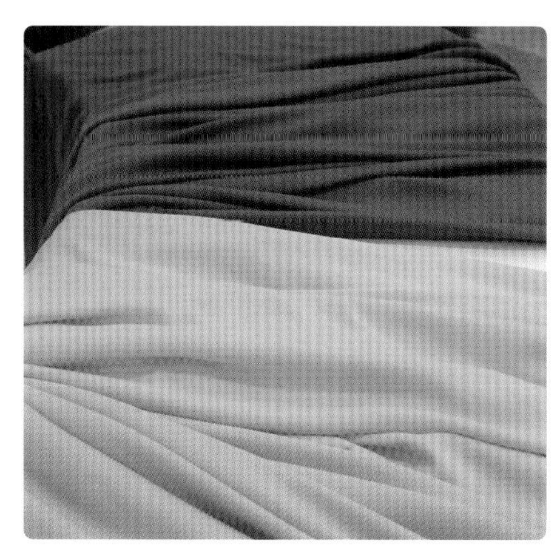

2010年的世界杯足球賽，9支球隊穿著的排汗球衣是由台灣製成的寶特瓶再生衣。

Lesson 95

The 100 Essentials of Nature Lessons for Parents in Taiwan

日常生活裡可以做的改變。

建構低耗能綠建築

擁有一個可以遮風避雨的家是每一個人的生活基本需求之一，根據統計，台灣的建築物超過90%以上都是採用鋼筋混凝土的構造，而生產混凝土所需的水泥，不僅造成台灣河川砂石的濫採，還要消耗大量煤炭與電力，整個過程釋放出鉅量的二氧化碳，是相當不環保的建材。

近年來的氣候異常，也促使人們開始關切食衣住行的碳足跡，從每一個人的生活做起，慢慢改變我們的環境面貌。住的方面自然以所謂的「綠建築」為顯學，即建構符合生態原則、節約能源、減少廢棄物的健康住宅，知名的建築師萊特認為綠建築是：「把建築物當成一個有機體來看，讓建築物跟自然環境完全融合協調的境界。」，也就是說建築物是有生命的，藉由大自然的陽光、空氣和水，讓建築和環境完全和諧，生活於這樣的建築物裡，人們自然更健康。

相較於台灣建築常用的鋼筋混凝土，其實輕質混凝土、鋼構造和木構造都是對環境比較友善的建築方式。在台灣的公建築裡，位於北投公園內的台北市立圖書館北投分館，是台灣第一座綠建築圖書館，非常值得參觀欣賞。屋頂設置了太陽能光電板，以提供圖書館的用電，同時建築物本身採用木材和鋼材，這些建材都可回收利用，不致有廢棄物的問題。四周大片的木框落地窗，不僅美觀，而且採光良好，可以大大減少白天的用電。屋頂及斜坡還種有大片綠化的草皮，可涵養水份，同時還設計了雨水回收槽，可拿來澆花及沖馬桶，大大減少圖書館的用水。

許多國家致力於發展綠建築的新造鎮計劃，雖然目前的造價還是比較昂貴，但如果一併考慮人們居住之後的能源消耗，低耗能的綠建築依然遠優於傳統的建築。更重要的是，綠建築的風潮代表的是回歸自然，找回人類住宅應有的自然風貌，呼吸自然的空氣，讓陽光灑進屋裡的每一角落，天上落下的雨水不僅滋潤綠色植物，還可幫忙清除髒污。節制的生活美學將是未來人類生活的主調，也是人與環境共生共存的唯一選擇。

位於台北市的北投圖書館是一個著名的綠色公共建設。

Lesson

96

The 100 Essentials of Nature Lessons for Parents in Taiwan

日常生活裡可以做的改變。

減少開車

台灣的經濟改善，最明顯的指標之一便是家家戶戶買得起車子，但是很快地不足的停車空間、壅塞的道路、惡化的空氣污染以及節節上升的油價，都成為開車族的夢魘。

以目前大家最關切的碳排放來看，開車每公里約排放0.22公斤的碳，但搭乘公車每公里只製造約0.08公斤的碳，搭乘捷運則為0.07公斤，可減少約三分之二的碳排放。以我們的食衣住行日常生活當中，每一個人最重要的碳排放來源是每天的交通運輸，因此使用大眾交通工具自然比開車來得好。如果想要計算一下自己車子的碳排放量，可採用以下的公式：開車的二氧化碳排放量(Kg)＝油耗公升數 x 0.785，越耗油的車子排放越多的二氧化碳。

為了要讓大家減少開車或騎機車，其實最重要的是提供完善的公共運輸網路，或是規劃良好的自行車道，讓大家可以安全上路。但台灣的規劃顯然遠比其它先進國家落後，台北都會區的自行車道根本寸步難行，而捷運系統以大台北地區較為完善，但目前完成的網絡仍不足以應付新北市龐大人口的需求。台灣其它地區除了高雄擁有捷運以及規劃良好的自行車道外，公共運輸系統大多嚴重不足，讓大家只能繼續開車或騎機車上班、上學。

汽車工業進入21世紀後，也意識到大勢之所趨，節能、低耗油的車種成為車市的常勝軍，環保的油電車是目前最受歡迎的選擇。以往最不環保的產業也不能不順應潮流，顯見能源及氣候暖化的議題已是深入人心。

節能減碳不是喊喊口號就能達成，政府如果沒有改變的決心以及中長期的規劃，台灣排碳大國的污名恐怕也難以改變。

機車族衆多的台灣每日的碳排放量十分驚人。

如果未來的城市規劃能將環保永續的交通政策劃入其中，那才能夠真正邁向國際級的環保城市。

Lesson

97

The 100 Essentials
of Nature Lessons for
Parents in Taiwan

日常生活裡可以做的改變。

來趟
生態旅遊

婆羅洲的原始熱帶雨林的景緻
值得我們去造訪與探索。

旅遊是現代生活不可或缺的一環，每天汲汲營營於工作，不免想要偶爾出走一下，遠離家園，看一看其它世界的人與生活。台灣每年出國人數達三百餘萬人次，超過90%是以觀光旅遊為主。

台灣的國外觀光旅遊早期多半以「多國多景點」為賣點，長途跋涉累壞了，卻沒有享受到旅遊的樂趣。近年來旅遊資訊發達，自助行和背包客的年輕族群多了起來，還有另類的生態旅遊也方興未艾。

生態旅遊提供的是不同於一般旅遊的樂趣，不僅可以吸收豐富的生態知識，也可體驗不同自然環境之美，同時還有機會一窺各式各樣的豐富生命，是非常難能可貴的自然體驗。

生態旅遊以非洲的遊獵及婆羅洲的雨林探險最為首選，尤其這兩者的自然景觀與台灣大不相同，可以帶給我們心靈極大的震撼。以前曾到南非旅行過兩次，最喜歡的當然就是住在荒野裡的保護區，清晨和黃昏坐著吉普車出外尋覓動物的蹤跡，非洲五霸盡收眼底。欣賞完非洲的大型動物，嚮導會找一處安全的莽原，一望無際的草原是欣賞夕陽落日的最佳地點，火紅的非洲落日永烙心頭。

婆羅洲的雨林行則是另一番體驗，一棵棵高聳入雲的龍腦香科大樹矗立於綿延不絕的綠色樹海，雨林是樹木的故鄉，滋養庇護了無數的生命。而每天下午的隆隆大雨，帶給我們的卻是寧靜無比的感受，淹沒了一切的雨聲好像把我們的心靈徹底潔淨了，原來世外桃源就在這裡。

生態旅遊是珍貴的學習之旅，親身體驗不同自然生態系所展現的生命力，親眼見證地球的美麗生物，以及置身大自然的歡愉經驗，同時也會更深切體認自然保育的重要性。

Lesson

98

The 100 Essentials of Nature Lessons for Parents in Taiwan

日常生活裡可以做的改變。

為什麼都市的夏天越來越熱？

這幾年的夏天似乎越來越熱，原本力抗冷氣的我也節節敗退，晚上睡覺如果沒有開上一、二個小時的冷氣，根本難以入眠。白天帶狗散步，走一趟回來總是滿身大汗，一天衣服不知換過幾回。每次出門一定要自備扇子和毛巾手帕，我和朋友都戲稱這是歐巴桑度夏的必殺裝備。

台灣是個海島，四周環繞廣闊的海洋，有海風和水份濕度的調節，按理是不該熱成這樣，若從統計數據來看，過去百年來整個北半球約增溫攝氏0.7度，但台灣都會區的數據卻高出兩倍，即平均增溫了攝氏1.5度。顯然全球的暖化效應並不是造成都會區增溫的全部原因，反而「熱島效應」扮演了更重要的角色。

所謂的「熱島效應」是普遍存在於全世界都會區的區域性氣候異常現象，即都市的氣溫都遠比周遭區域來得高，例如台北市夏天中午的氣溫就比鄰近地區高出攝氏4、5度。

都市裡集中了大量的人造建築物以及四通八達的柏油路面，這些人工設施的熱容量及傳導速率都很高，白天時會吸收大量的太陽輻射，加上都會綠地普遍不足，透過植物及土壤的水份自然蒸散來降溫的作用，當然也大幅減少。

同時高聳的建築物林立，都市普遍通風不好，還有擁擠的汽機車以及家家戶戶的空調排放出大量的廢熱，自然讓都會區熱得像蒸籠一般。此外，空氣污染的懸浮微粒很容易在都市上空形成雲霧，進而阻礙了夜晚熱氣的消散。

夜晚溫度的上升是熱島效應的典型結果，原本白天積聚的熱氣在太陽下山後會持續消散，但現在夏天的夜晚卻一樣炎熱，通常晚上的最低溫在攝氏25度以上即意味著需要打開冷氣，以前台北一年大概只有35天的夜晚會出現類此高溫，如今卻早已超過100天以上。

台灣過去數十年的急速都會化以及工業化，讓我們的生活環境被櫛比鱗次的建築、工廠及柏油路面給佔據了，要改善都會的熱島效應，最有效的方式就是增加綠地的面積，多多種樹，以及鼓勵大家加入屋頂綠化。台灣的都會區如果可以多出幾十個大安森林公園或植物園，相信一定可以降溫好幾度，也可大大節約夏天空調的耗電，進而改善大家的生活品質。

夏天的「熱島效應」讓都市的溫度比鄰近地區高出4、5度，正午時分可以見到柏油地面蒸散出陣陣熱氣。

日常生活裡可以做的改變。

地球氣候的暖化

自從18世紀末的工業革命以來，人類的生活水平不僅大幅躍進，科技的發展也一日千里，我們對自然環境所造成的重大改變不再只是侷限於地表，而是擴張到大氣層，工業產品及汽機車、飛機等排放大量的二氧化碳、氧化亞氮、甲烷、氟氯碳化物等溫室氣體至大氣層中，影響遍及全世界，逐漸改變了全球的氣候。

根據長期的測量資料來推估，從18世紀後葉一直到1990年代，大氣層裡的二氧化碳含量大幅增加了30%。

這些增加的二氧化碳主要來自於化石燃料的燃燒、水泥的製造以及土地的開發利用。

科學家預估到2100年時，全球的平均氣溫將比1990年高出攝氏0.9到3.5度，其中二氧化碳的溫室效應大約佔了70%，而其它溫室氣體約佔30%。

二氧化碳等溫室氣體就像一張熱毯般包覆著整個地球，溫室氣體對於來自太陽輻射的可見光具有高度的通透性，但對地球反射的長波輻射則具有高度的吸收性，這樣的「溫室效應」導致全球的氣候暖化，而且這些溫室氣體的生命期從十年到數百年都有，可以影響地球的氣候達數百年之久。地球溫度的上升將使冰山崩裂、雪山融化以及海平面上升，同時也會改變整個地球的水文循環，造成降雨異常，不是大旱要不就是豪雨成災。這幾年的天災不斷，讓大家都親眼目睹了氣候暖化的可怕後果。氣候的變遷也連帶影響了農作物的收成，使得國際糧價不斷飆漲，糧食危機一觸即發。而大自然的生物也一樣遭受池魚之殃，像是大家熟知的北極熊，因為北極環境的劇變而數量大減，因此氣候暖化對生物多樣性的傷害一樣可怕。

台灣雖是蕞爾小國，人口佔全球總人口的千分之三，但我們從1990年到現在的溫室氣體排放總量卻佔了全球的百分之一，比例之高實在驚人。若以排碳量的排行榜來看，台灣的排碳總量是全球第22名，而每個人的平均排碳量更高居全球第16名。以台灣的能源缺乏現況，99%的能源均需仰賴進口，是造成溫室氣體排放量持續成長的主因，加上強勢的經濟實力以及以出口為導向的產業發展，當然會在排碳上名列前茅。

但是這一切還是可以改變的，例如投入發展再生能源科技，提高能源的自給率；發展完善的公共運輸系統，減少一般人生活上的油耗量；取代高耗能、高污染的工業；保護台灣最重要的森林資源。身為地球生物圈的一員，我們有責任改變現況，而且今天不做，明天一定會後悔的。

Lesson 100

The 100 Essentials of Nature Lessons for Parents in Taiwan

日常生活裡可以做的改變。

不斷發生的自然災害

只要颱風一來，許多地方都無法抵擋，導致家破人亡。（吳尊賢攝）

這幾年的氣候異象佔據了所有的新聞頭條，不論是寒流、暴雪、酷熱、乾旱、暴雨、洪澇、颱風、颶風或是熱帶風暴等輪番上陣，讓人看得膽顫心驚，也強烈感受到人類的渺小以及大自然的威力。

當然這些氣候異常現象是否全部都是氣候暖化所引起的，尚待科學家的進一步檢驗，但是顯而易見的是全球的暖化確實正在加速進行中，連帶地也使全球的氣候變化更加劇烈而且更難以預測。

人類不斷地持續掠奪自然界的海岸、紅樹林、濕地、平原、山坡地以及集水區等，讓原本脆弱無比的生態敏感區域在面對極端氣候時更加脆弱，而使洪水風災等自然災害進一步演變成更加嚴重的非自然災害。而全球人口的持續增加，滿足人類基本需求的公共建設、遊憩區、橋樑、建築物、發電廠，不斷地入侵海岸、山林等原本十分脆弱的生態系，而在高風險地區大興土木的行為，自然無可避免地使災害對大自然與人類所造成的傷害大幅增加。

對於許多生產糧食的農業地區而言，全球暖化使得病蟲害發生的機率更高，病原體或昆蟲更加不容易消滅，而原本需要冬天低溫的作物，因為缺乏越冬的條件而產量大減，同時氣溫的變化也使農作物的開花周期紊亂，進而影響到果實的收成。對人類而言，氣候的暖化使得地球環境更適合病原菌滋生，如瘧疾、萊姆病、西尼羅熱等傳染性疾病以及氣喘等呼吸系統疾病的發病率將大為增加。同時極端氣候也將使未來洪水的發生更加頻繁，進而影響許多地區的飲用水安全，並大大降低水資源的天然潔淨能力。

過去幾年台灣發生的多次天然災害，一次比一次劇烈，不僅雨量破表，就連地貌都大幅改變。我們的環境再也經不起一次又一次的淹水、土石流，唯有認真檢討台灣的國土保育政策，保護山林與森林，每一個生活在台灣的人才有未來可言。

氣候變化造就出許多無可預期的超級強颱。

即使沒有颱風，瞬間降雨的驚人雨量也會造成極大災害。

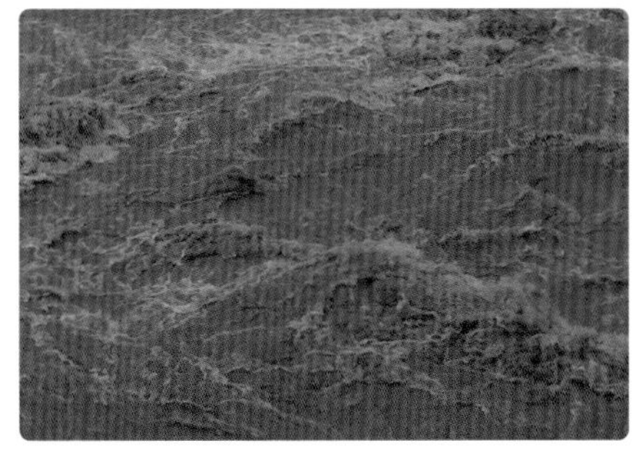

山洪爆發引發的土石流一直不斷的侵蝕著台灣的土地。

【後記】

不一樣的選擇。

2011年3月11日下午電視新聞畫面即時傳來的日本東北地區大海嘯，鋪天蓋地的強大力量，吞噬了一切，農田、房舍、汽車、道路、橋樑……，人類進步的一切，在瞬間煙消雲散，寶貴的生命也隨之而逝。以前不曾親眼目睹類此的可怕大災難，大自然的威力讓人覺得無助而渺小，海嘯的滾滾黑水毀滅了一切。

但更可怕的是核電廠的災變，海嘯摧毀的還有可能重建，但輻射外洩卻會讓土地、大海萬劫不復，無法讓人們繼續在此生活。以往在台灣提出「非核家園」的願景，即使環島苦行，依然無法獲得大多數人的關注，如今大家眼睜睜看到日本的悲劇，終於理解沒有任何人可以保證一定安全，即使是先進如日本也一樣無法阻止悲劇的發生。

日本地震海嘯的災害慢慢進入重建的階段，大家緊繃的神經才稍稍舒緩，誰知台灣的食品飲料卻爆發了大規模的塑化劑風波，牽連之廣是始料未及的。食衣住行是每個人的基本需求，如果我們連吃一口安全、乾淨的食物都不可得，那還奢談什麼生活品質。

原來進步的生活不過是假象，如果沒有乾淨的空氣可以呼吸，沒有清潔的水可以飲用，沒有充足的陽光讓萬物生長，沒有對身體有利的食材，那麼人類汲汲營營追求的究竟是什麼？在分工繁複的現代社會，要吃一口真正的食物卻不可得，每一樣販售的產品經過多少層層疊疊的加工、保鮮、處理、包裝、運輸、上架，看似完美新鮮的產品，卻已垂垂老矣，而且添加了許多化學物質。

所謂「永續的餐桌」就是提倡選擇對環境友善、對動物人道、符合生態保育的農業產品，特別是支持在地的小農，支持在地的食材，因為現在大家逐漸意識到選擇食物就是選擇我們環境的未來。唯有永續的在地農業可以生存，可以提供當地所需，我們才不必耗費大量能源運輸遠方的食物到消費地，價格看似便宜實惠，但潛藏的環境成本卻是高得驚人。同樣地，為了追求便利的生活，各式各樣過度包裝的商品到處可見，刺激消費的結果，背後的廢棄物問題是昂貴的環境代價。

我們是否願意為了環境的未來而稍微犧牲一點生活的便利性？或是一點口腹之慾？一切都將取決於我們的選擇。如果每個人都能瞭解背後的事實以及環境的代價，相信大家一定願意改變，以換取更加乾淨的空氣，更加安全的飲水，更加有益健康的食物。

製作這本書的過程當中，參考了許多書籍、網站以及紀錄片等，深深感受到改變的浪潮已至，人類面臨的危機也是史無前例的，大自然生態一一崩解，如果再不及時改變，人類在地球上將無立錐之地。

沒有人希望那樣的悲劇發生，在一切還來得及的時候，從每天生活改變做起，從一天三餐的選擇做起，從家裡的每一成員做起，重新尋回人與環境和諧共存的可能。

順利完成了『自然老師沒教的事』一書的續篇，要深深感謝天下文化這些年的支持，如果不是他們及時伸出援手，大樹文化早在2006年即已劃下休止符，也不可能持續耕耘至今。策略性聯盟的經營模式，讓我更無後顧之憂，可以全力投入自然叢書的編輯與製作，並發掘更多的作者，一起為台灣生態的永續未來而努力，但願我們的每一步都會留下一絲痕跡。

此外，還要感謝我的合作夥伴黃一峰先生，如果沒有他的專業攝影與插畫作品，我想這本書的魅力也會大打折扣的，而他這些年的戮力以赴，也讓大樹文化叢書的品質有目共睹。當然，我也深深感激每一位曾經和大樹合作過的作者，他們給予我的啓發和激勵是無以回報的，也讓我始終懷抱著希望繼續在自然叢書的出版上勇敢向前行。

【感謝】

感謝 國立海洋生物博物館、海景世界企業股份有限公司、蕭澤民先生協助圖片拍攝，
以及 吳立新、于川、蔡迪 等人提供珍貴的海洋攝影作品。
更謝謝在這本書的製作與拍攝過程中，所有幫助過我們的朋友！

【參考書目】

大地的窗口 珍古德著 麥田出版
大藍海洋 瑞秋・卡森著 柿子文化出版
世界又熱、又平、又擠 湯馬斯・佛里曼著 天下文化出版
台灣貝類圖鑑 賴景陽著 貓頭鷹出版
台灣的珊瑚礁 何立德等著 遠足文化出版
台灣珊瑚礁地圖 戴昌鳳著 天下文化出版
台灣珊瑚礁圖鑑 戴昌鳳・洪聖雯著 貓頭鷹出版
台灣哺乳動物 祁偉廉・徐偉著 天下文化出版
台灣淡水魚蝦生態大圖鑑〔上〕〔下〕 林春吉著 天下文化出版
台灣野果觀賞情報 賴麗娟・徐光明著 晨星出版
台灣野花365天 張碧員・張蕙芬・呂勝由・傅蕙苓・陳一銘著 天下文化出版
台灣魚達人的海鮮第一堂課 李嘉亮著 如果出版
台灣鳥類誌 劉小如等著 農委會林務局出版
台灣種樹大圖鑑 羅宗仁・鐘詩文著 天下文化出版
台灣蔬果生活曆 陳煥堂・林世煜著 天下文化出版
台灣賞蛙記 潘智敏著 天下文化出版
台灣賞樹情報 張碧員・呂勝由・傅蕙苓・陳一銘著 天下文化出版
台灣賞蟬圖鑑 陳振祥著 天下文化出版
台灣賞蟹情報 李榮祥著 天下文化出版
用心飲食 珍古德等著 大塊文化出版
自然老師沒教的事 張蕙芬・黃一峰・林松霖著 天下文化出版
自然野趣DIY 黃一峰著 天下文化出版
自耕自食・奇蹟的一年 金索夫著 天下文化出版
希望 珍古德・柏爾曼合著 雙月書屋出版
我的自然調色盤 林麗琪著 天下文化出版
我的幸福農莊 陳惠雯著 麥浩斯資訊出版
沒有果實的秋天 傑可柏森著 天下文化出版
昆蟲Q&A 朱耀沂・盧耽著 天下文化出版
林麗琪的秘密花園 林麗琪著 天下文化出版
前進雨林 陳玉峰著 前衛出版
背著蝌蚪跳的青蛙 克朗伯著 商周出版
食在自然 陳惠雯著 上旗文化出版
家門外的自然課 石森愛彥著 小天下出版
海之濱 瑞秋・卡森著 天下文化出版
從搖籃到搖籃 麥唐諾・布朗嘉著 野人文化出版
婆羅洲雨林野瘋狂 黃一峰著 天下文化出版

瓶罐蟋蟀 許育銜著 天下文化出版
這一生，至少當一次傻瓜 石川拓治著 圓神出版
野花999 黃麗錦著 天下文化出版
野鳥放大鏡(衣食篇．住行篇) 許晉榮著 天下文化出版
菜市場魚圖鑑 吳佳瑞．賴春福．潘智敏合著 天下文化出版
感官之旅 艾克曼著 時報文化出版
新台灣賞鳥地圖 吳尊賢．徐偉斌著 天下文化出版
跟著節氣去旅行 范欽慧著 遠流出版
蜘蛛博物學 朱耀沂著 天下文化出版
鳴蟲音樂國 許育銜著 天下文化出版
燕鷗原鄉澎湖 鄭謙遜著 澎湖縣湖西鄉沙港國民小學出版
螞蟻．螞蟻 威爾森．霍德伯勒合著 遠流出版
鮑魚不是魚？海洋生物的新鮮事 海魚達人著 可道書房出版
繽紛的生命 威爾森著．金恆鑣譯 天下文化出版
蘋果教我的事 木村秋則著 圓神出版
Green Inheritance By Anthony Huxley, Gaia Books Ltd.
Visions of Caliban By Dale Peterson & Jane Goodall, Sterling Lord Literistic, Inc.

【參考網站】

ACAP關懷保育行動台灣網站 http://www.taibif.org.tw/
Greenpeace綠色和平 http://www.greenpeace.org/taiwan/zh/
IUCN世界自然保育聯盟 http://www.iucn.org/
TRAFFIC東亞野生物貿易研究委員會 http://www.wow.org.tw/
WWF世界自然基金會 http://wwf.panda.org/
中央研究院環境變遷研究中心http://www.rcec.sinica.edu.tw/
台灣生物多樣性資訊入口網 http://www.taibif.org.tw/
台灣生物資源資料庫 http://bio.forest.gov.tw/bio/
台灣海洋生態資訊學習網 http://study.nmmba.gov.tw/
台灣魚類資料庫 http://fishdb.sinica.edu.tw/chi/home.php
台灣環境資訊學會的環境資訊中心http://e-info.org.tw/
行政院國家科學委員會 http://web1.nsc.gov.tw
行政院農業委員會農糧署 http://www.afa.gov.tw/agriculture
荒野保護協會 http://www.sow.org.tw/index.do
國立自然科學博物館 http://www.nmns.edu.tw/
國立海洋生物博物館 http://www.nmmba.gov.tw/index.aspx
環保署綠色生活網http://ecolife.epa.gov.tw/Cooler/check/Co2_Countup.aspx
http://www.seafoodwatch.org

（原書名：爸媽必修的100堂自然課）

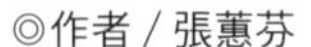

自然老師沒教的事2—100堂親子自然課

The 100 Essential Nature Lessons for Kids & Parents in Taiwan

◎作者／張蕙芬

◎攝影、繪圖暨內頁設計／黃一峯

◎封面設計／連紫吟、曹任華

◎大樹自然生活系列總編輯兼創辦人／張蕙芬

◎出版者／遠見天下文化出版股份有限公司

◎創辦人／高希均、王力行

◎遠見・天下文化・事業群 董事長／高希均

◎事業群發行人／CEO／王力行

◎天下文化社長／林天來

◎天下文化總經理／林芳燕

◎國際事務開發部兼版權中心總監／潘欣

◎法律顧問／理律法律事務所陳長文律師

◎著作權顧問／魏啟翔律師

◎社址／臺北市 104 松江路 93 巷 1 號

◎讀者服務專線／（02）2662-0012

傳真／（02）2662-0007；2662-0009

◎電子信箱／cwpc@cwgv.com.tw

◎直接郵撥帳號／1326703-6 號 天下遠見出版股份有限公司

◎製版廠／東豪印刷事業有限公司

◎印刷廠／立龍藝術印刷股份有限公司

◎裝訂廠／精益裝訂股份有限公司

◎登記證／局版台業字第 2517 號

◎總經銷／大和書報圖書股份有限公司　電話／（02）8990-2588

◎出版日期／2021 年 1 月 15 日第三版第 2 次印行

◎定價／550 元

◎4713510946176

◎書號：BBT4014A

◎天下文化官網　bookzone.cwgv.com.tw

國家圖書館出版品預行編目資料

自然老師沒教的事. 2, 100堂親子自然課／張蕙芬撰文；黃一峯攝影.繪圖. -- 第二版. -- 臺北市：遠見天下文化, 2014.03

面；　公分. -- (大樹自然放大鏡；14)

ISBN 986-986-320-432-9 (精裝)

1.生態教育　2.環境教育　3.台灣

367　　103005580

The 100 Essentials of Nature Lessons for Parents in Taiwan